U0247145

人类命运共同体下的转基因问题

谢 军 著

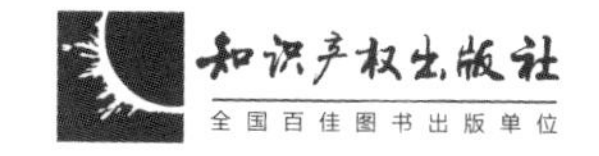
知识产权出版社
全国百佳图书出版单位

图书在版编目（CIP）数据

人类命运共同体下的转基因问题/谢军著．--北京：知识产权出版社，2019.8

ISBN 978-7-5130-6210-7

Ⅰ.①人…　Ⅱ.①谢…　Ⅲ.①转基因技术—研究
Ⅳ.①Q785

中国版本图书馆 CIP 数据核字（2019）第 071437 号

策划编辑：庞从容　　**责任校对：**谷　洋
责任编辑：薛迎春　　**责任印制：**刘译文

人类命运共同体下的转基因问题

谢　军　著

出版发行：知识产权出版社有限责任公司　**网　　址：**http：//www.ipph.cn
社　　址：北京市海淀区气象路 50 号院　**邮　　编：**100081
责编电话：010-82000860 转 8726　**责编邮箱：**pangcongrong@163.com
发行电话：010-82000860 转 8101/8102　**发行传真：**010-82000893/82005070/82000270
印　　刷：三河市国英印务有限公司　**经　　销：**各大网上书店、新华书店及相关专业书店
开　　本：710mm×1000mm　1/16　**印　　张：**12.5
版　　次：2019 年 8 月第 1 版　**印　　次：**2019 年 8 月第 1 次印刷
字　　数：218 千字　**定　　价：**58.00 元
ISBN 978-7-5130-6210-7

北京高校中国特色社会主义理论研究协同
创新中心（中国政法大学）阶段性成果

前　言

转基因技术的产生与运用给人类带来福祉与美好希望的同时，由于转基因安全的不确定性以及转基因技术在各国发展的不平衡性，也给人类带来了一系列全球性问题：生态环境问题（生物安全管理问题）、食品安全问题、转基因国际贸易规则问题、基因资源归属与利用问题、与转基因有关的专利制度问题、转基因技术使用限度问题、粮食安全与全球贫困问题等。这些全球性问题使人类成为一个你中有我、我中有你，休戚与共的人类命运共同体。人类命运共同体意味着面对转基因问题，全球各方都必须具有责任意识，承担相应的责任。从这个意义上讲，转基因问题的伦理原则是责任伦理。

以往的个人主义全球正义从个人权利的立场出发，坚持每个人在道德上都应得到平等的关注。而在转基因责任问题上，需要的是人与自然是一个生命共同体的世界观，自然也应是道德关注的对象。所以个人主义全球正义观不适用于转基因问题。但是，个人主义全球正义观也有可资借鉴的地方。第一，个人主义全球正义观具有全球胸怀，转基因全球正义观也具有全球胸怀。第二，个人主义正义观以权利作为正义的根据，即作为“应得”的根据。转基因全球正义观可以借鉴这一点。因为只有在对某物进行分配时，才会出现正义与否的问题。转基因全球正义同样面临着分配问题。这些分配物既有合作利益，也有人类共有之物，还有负担、责任。对这些物的分配我们也可以“权利”作为“应得”的根据，这样有利于责任的实现。

众所周知，农户拥有工作权、留种权等权利，消费者拥有食物安全权，食物的知情权、选择权等权利，公众拥有环境权、文化方面的一些权利。这些权利得到了法律的确认或国际条约的承认。但是，在转基因语境下，这些权利却以这样或那样的方式被侵害。比如，以雄厚的资金为基础，种子公司用各种方式轻而易举地将传统种子挤出种子市场，用转基因种子占领种子市场。更有甚者，转基因种子被实施了“终止子技术”——通过基因技术修改所售转基因种子的基因，使种植转基因种子后收获的新种子不会发芽，成为不育种子而不可用于播种。这都严重地侵犯了农户在千百年来生产中形成的留种权，轻者增加了农民生产的成本，重者直接影响农民的生存。

这里特别需要指出的是，在转基因语境下，公众享有一项权利——遗传资源受益权。很多转基因生物在研发过程中会利用特定社区的一些与遗传资源有关的传统知识。这些传统知识是特定社区在千百年来的生产、生活中积累、创造出来的，是集体智慧的结晶，存在于特定公共领域，不属于任何特定的个人或组织。现实中，一些转基因生物的研究者、公司无偿获取、利用这些遗传资源的传统知识，研发新的转基因生物并申请专利与获取利润，而不给当地社区公众任何补偿或回报。为了矫正这种将公共知识据为私有的不正当行为，《生物多样性公约》及其他公约都规定了相关社区对此拥有受益权。此受益权隐含着另一项权利——获取、利用生物遗传资源的事先知情同意权。这一权利在一些国际公约中有明确的规定。

国家是转基因全球正义的最重要主体之一。在全球问题面前，为了实现正义，我们主张国家主权完整但负责任的转基因全球正义观。国家在转基因问题方面的主权就是转基因主权。其内容主要包括：（1）根据自己的国情和自己的判断来决定本国的转基因事务的自主决定权，比如，生物安全管理制度、标识管理制度等。（2）事先知情同意权。这包括两个领域的事先知情同意：一是转基因生物过境或国际贸易领域的事先知情同意；二是获取遗传资源领域的事先知情同意。（3）全球性转基因问题大政的平等参与权和决策权等。

转基因全球正义最终要落实到转基因问题的各个领域。首先，在生物安全领域，转基因全球正义就是要实现可持续发展。从人类命运共同体的立场出发，这方面的正义原则就是共同但有区别的责任原则。共同的原则体现了各方平等的公平原则。有区别的责任原则体现了能力与责任一致的公平原则。转基因科学家掌握着转基因专业最核心的知识，他们的活动对生物安全有着重大的影响，因此，他们在从事转基因活动时必须承担一定的责任，要有对人类、对自然负责的意识。其次，在全球经济领域，转基因全球正义就是要实现共享转基因发展的福祉，公平利用转基因技术与资源是其基本原则。这一原则的具体要求是，坚持遗传资源主权，完善国际知识产权制度，积极进行国际合作，维护粮食主权，消除世界贫困。最后，在国际贸易领域，转基因全球正义就是要形成平等互惠共赢的全球贸易体系，其应该坚持的原则是尊重转基因主权但反对绿色贸易壁垒。

总之，转基因全球正义观是主权完整但负责任的正义观。它的世界观是万物平等、和谐共生的生命共同体，价值观是合作共享的人类命运共同体，伦理原则是责任伦理，“应得”的根据是权利，主要内容是三个基本原则：共同但有区别的风险共担责任原则，公平利用转基因技术与资源的利益共享原则，尊重转基因主权、反对绿色贸易壁垒的互惠共赢原则。

目录

第一章　转基因问题与人类命运共同体

第一节　当前社会背景下的转基因技术特性

一、认识转基因技术

转基因技术、基因工程（genetic engineering）属于生物技术。“生物技术”是现代人使用的术语。在这个术语出现之前，人类很早就开始运用生物技术造福自己了。比如，人们很早就利用发酵技术提升自己的生活质量。酿美酒、酵香醋、制虚软的馒头等，都是发酵技术的运用。据记载，曹操曾向汉献帝进献“九酝酒法”[1]。这种连续投料的酿造方法开创了霉菌深层培养法的先河，提高了酒的酒精浓度。据说，汉献帝饮了这种方法酿出的酒，连说“美酒”。事实上，根据历史文献记载，人类已于公元前5000年左右开始利用生物技术。不过，只有“生物技术”一词的明确提出才标志着人类对生物技术的运用达到了理论上的自觉。“生物技术”一词于1919年由一位匈牙利人Karl Ereky首先使用。Karl Ereky用它来描述人类科技与生物学间的相互作用。今天，我们说的生物技术主要是指现代生物技术。现代生物技术的研究可以追溯到100多年前巴斯德（Louis Pasteur）、科赫（Robert Koch）和孟德尔（Gregor Menel）等人。孟德尔的遗传定律揭示了亲代与子代之间性状（遗传因子）的遗传规律[2]。到了20世纪80年代，现代生物技术取得了突破性进展。这就是基因工程（又称遗传工程）技术兴起。

“基因”（gene）一词于1909年由丹麦植物学家约翰逊（Johnson）首次

---

〔1〕〔北魏〕贾思勰：《齐民要术》，缪启愉校释，北京：中国农业出版社1998年版，第518页。
〔2〕［德］佩汉、［荷］弗里斯：《转基因食品》，陈卫、张灏等译，北京：中国纺织出版社2008年版，第14页。

提出，约翰逊用它来替代孟德尔遗传定律中的遗传因子，但他的“基因”并不指物质实体，而是一种抽象单位。后来，美国遗传学家摩尔根（Mogan）在实验的基础上认为，基因是一种物理存在，并以一定的线性次序排列在染色体上。到了1944年，美国著名生物学家O. T. 艾弗里（O. T. Avery）发表了用实验证明基因就是脱氧核糖核酸（DNA）分子的研究报告。这份报告树立起一种全新观点：DNA分子是遗传信息的载体。1953年，沃森（Watson）与克里克（Crick）发现了DNA分子的双螺旋结构，即DNA分子是由反向平行的两条链构成的，基本单位是核苷酸，由含氮的嘌呤或嘧啶（通称“碱基”）、脱氧核糖和磷酸基团三部分组成。脱氧核糖相当于分子的基底，一边与碱基相连，一边与磷酸基团相连。嘌呤主要有腺嘌呤核苷酸和鸟嘌呤核苷酸两种。嘧啶也有两种，即胞嘧啶核苷酸与胸腺嘧啶核苷酸。现在学术界通常用A、G、C、T四种符号来表示这四种脱氧核苷酸。双链上所有碱基都朝里，彼此相对配对，并且这种配对不是杂乱无章的，而是有规律的，即A必定对着T，C必定对着G。这就是所谓的“碱基配对”或“碱基互补”。配对的碱基并不直接相连，在它们之间存在着氢键。大量氢键的存在维系着DNA分子双螺旋结构的稳定。双螺旋结构的发现，使人类能够从分子层面分析遗传与变异的现象。从此，生物学进入了基因分子生物学的新时代。

现代分子生物学认为，生物生长发育的过程就是细胞不断分裂的过程。细胞在分裂之前，其中的遗传物质即DNA会提前进行复制。其复制过程大致如下：DNA双螺旋结构中的碱基配对的氢键首先打开，平行的双链由此解旋并分为两条单链，此时两条单链分别作为模板，在DNA聚合酶和游离的核苷酸的参与下，按照碱基配对原则，吸引带有互补碱基的核苷酸，在靠近两条不配对的旧链的露出部分，形成新的互补链。新形成的每一个子代双链分子中，一条链来自亲代，另一条链则是新合成的。DNA的这种复制被称为半保留复制（semi-conservative replication）。半保留复制保证了DNA在代谢上的稳定性，经过多代复制，DNA仍然可以保持不变。

到了20世纪50年代末60年代初，“中心法则”（central dogma）与操纵子学说相继提出，解决了遗传密码与遗传信息的流向和表达问题。1971年，克里克根据当时研究的最新成果，修改了他的中心法则。根据此法则，一般情况下，遗传信息是从DNA流向RNA，再由RNA流向蛋白质；在特殊情况下（只存在于极少数生物当中），先以RNA分子为模板，在反转录酶的作用下，合成DNA互补链，然后以DNA链为模板合成新的RNA；当然也可能存在着遗传信息从 DNA 直接到蛋白质的传递，这种情形只是理论上的可能性，到现在为止还没有得到实验证明。

在中心法则中，遗传信息从 DNA 向 RNA 传递的过程被称为转录，从 RNA 向蛋白质传递的过程被称为转译。转译与转录不同，它不是简单的核苷酸顺序的抄写，而是将 RNA 分子上的核苷酸语言翻译成蛋白质分子上的氨基酸语言的复杂过程。换言之，这两种语言系统之间必定存在着一种特殊的遗传密码系统（genetic code）。如果不掌握这个遗传密码系统，后面的基因工程同样无从谈起。到了 20 世纪 60 年代，经过众多研究者的努力，这个遗传密码系统得到彻底破译。实验证明，3 个碱基编码一种氨基酸，这种三联体碱基被称为密码子（codon）。到了 1966 年，所有的 64 个密码子被全部破译，并发现了 3 个终止信号密码子。

现代科学发现，DNA 几乎是所有生命的载体。虽然微生物、植物、动物和人体内 DNA 分子在大小、外形等方面不完全相同，存在状态也各不相同，但它们的化学本质是相同的。而且，科学研究发现，除线粒体和叶绿体外，不管是病毒，还是原核或真核生物，所有的生物的密码子同氨基酸之间的关系都是相同的，也就是说，基因遗传密码是通用的。

以上理论的进步使人类彻底掌握了生命的遗传规律。随着人类对生命奥秘的掌握，人类在相关技术方面也取得了进步。首先，是 DNA 分子的体外切割与连接技术。20 世纪 60 年代末 70 年代初，科学家们相继掌握了使用核酸内切限制酶（生物学家将其形象地称为“生物刀”）对 DNA 分子进行体外切割的技术和使用 DNA 连接酶对 DNA 分子进行连接的技术。运用这些技术，研究者们能够获得研究所需的 DNA 特殊片段，并将这些 DNA 特殊片段与其他 DNA 片段相黏合。切割技术与连接技术的发明使 DNA 重组从设想变成了现实。其次，是基因工程载体技术与“复制工厂”技术。大部分 DNA 片段没有自我复制能力。为了能够让 DNA 片段在寄主细胞中繁殖，DNA 片段还必须连接到具备自我复制能力的 DNA 分子即基因克隆载体（vector）上。到了 1972 年前后，生物遗传学的研究发现，病毒、噬菌体、质粒等复制子（replicon）可以作为基因克隆载体。经过大量的实验研究，质粒已成为当今基因分子克隆体中最常用的载体。由外源 DNA 片段与基因克隆载体连接而成的杂种 DNA 分子要想增殖还需要一个适宜的环境——“复制工厂”。将外源 DNA 分子导入细菌细胞的现象叫作转化。早在 20 世纪 40 年代，研究者已经知道肺炎双球菌能够吸收外源 DNA 分子。到了 70 年代，研究者发现，大肠杆菌细胞经过氯化钙的适当处理后能够吸收λ噬菌体的DNA。1972年，研究人员又发现，经过氯化钙处理的大肠杆菌细胞也能吸收质粒的DNA。自此以后，大肠杆菌细胞就成了分子克隆的转化受体。

以上这些科学发现与技术的进步构成了基因工程的基础。基因工程有狭义与广义之分。狭义上，基因工程是指将一种或多种生物体（供体）的基因与载体在体外进行拼接重组，然后转入另一种生物体（受体）内，使之按照人们的意愿遗传并表达出新的性状。因此，供体、受体和载体称为基因工程的三大要素，其中相对于受体而言，来自供体的基因属于外源基因。除了少数RNA病毒外，几乎所有生物的基因都存在于DNA结构中，而用于外源基因重组拼接的载体也都是DNA分子，因此，基因工程亦称为重组DNA（DNA recombination）技术。另外，DNA重组分子大都需在受体细胞中复制扩增，故还可将基因工程表征为分子克隆或基因的无性繁殖（molecular cloning）[1]。

通过基因工程技术而获得的生物就是转基因生物。转基因生物包括转基因动物、转基因植物和转基因微生物。严格地说，将这些生物称为转基因生物是不准确的。现在的基因工程技术不只是能够将分离的某一种或几种确定的外源基因导入动物、植物、微生物等个体的基因组中，它还能够在不导入外源基因的情况下，通过对生物体本身的遗传物质进行加工、屏蔽，从而改变生物体的遗传特性。前一种情形的生物就是一般公众所称的“转基因生物”（transgenic organisms）。后一种情形则是“基因改造物”，也有人称其为“遗传修饰生物”“遗传工程体”等，其英语为genetically modified organism，简称GMOs。从逻辑上看，遗传物质的修饰、改造当然包括外源基因的导入。换言之，“基因改造物”“遗传修饰生物”包含“转基因生物”，而“转基因生物”不包含“基因改造物”“遗传修饰生物”。因此，转基因生物、转基因并不是能准确揭示基因工程技术的概念。现在，西方国家的公众往往用GMOs、GM动物、GM植物、GM食品等术语来指称我们所说的转基因生物、转基因动物、转基因植物、转基因食品。而且，他们习惯上不将获得外源基因的微生物称为“转基因细菌”或“转基因酵母”，而是称为“转化菌”或“GM微生物”[2]。此外，为了“突出具有繁殖能力的活GMO对环境存在的

[1] 张惠展编著：《基因工程概论》，广州：华南理工大学出版社1999年版，第4页。
[2] 沈孝宙编：《转基因之争》，北京：化学工业出版社2008年版，第18页。

风险”[1]，一些人与一些国际组织用LMO（活的修饰生物）称呼转基因生物。不过，鉴于我国公众用“转基因”来称呼基因工程或技术，用“转基因生物”来称呼基因修饰或改造、基因改造物、遗传修饰生物等已成为习惯，本书将沿用“转基因”“转基因生物”等术语。

此外，还需要指出的是，今天，一些普通民众有时将生物技术错误地理解为单纯的转基因技术（其中涉及基因工程、基因操纵、基因拼接、重组体DNA，等等）。事实是，生物技术不仅仅限于转基因生物，生物技术一词涵盖的领域还包括植物组织培养、哺乳动物细胞培养、酶系统、作物育种、免疫学、发酵以及其他方面。在众多用于微生物、动物、植物体中获取产品的生物技术当中，转基因技术只是其中的一种[2]。联合国粮农组织在其“生物技术”网页上也提示：“生物技术不仅仅限于转基因生物。它涵盖了广泛的传统和尖端技术。”[3]

二、转基因技术带来的美好生活前景

转基因技术作为科学技术的发展成果，像其他科学技术一样也具有两面性，即它既可能造福于人类，也可能给人类、地球带来灾难。我们首先来看，转基因技术给人类带来的福利。

第一，人们利用转基因技术或其产品能够诊断与治疗疾病，研发与生产更安全、效果更明显的疫苗与药物。1972年DNA重组技术问世后，美国礼来制药公司（Eli Lilly and Company）公司于1982年率先将重组胰岛素投放市场。这标志着人类基因工程药物进入了临床阶段。我国于1989年批准了重组人干扰素α1b在我国的生产。基因工程药物研制的成功标志着药物发展进入了新的阶段。与传统药物相比，它具有靶向治疗作用，对心脑血管疾病、肿瘤、病毒感染、器官纤维化、遗传性疾病等长期困扰人类的疾病有很好的疗效或将发挥治疗作用。而且，与用其他生产方法生产出的药物相比，基因工程药物具有更安全、生产成本更低的优势。现在，基因工程药物大致有核苷类、蛋白质类、激素类与神经递质类等四类。以蛋白质类基因工程药物为

---

〔1〕沈孝宙编：《转基因之争》，北京：化学工业出版社2008年版，第18页。

〔2〕［德］佩汉、［荷］弗里斯：《转基因食品》，陈卫、张灏等译，北京：中国纺织出版社2008年版，第14—15页。

〔3〕联合国粮农组织网站，http：//www.fao.org/biotechnology/zh/，最后访问时间：2017年12月20日。

例，许多蛋白质药物过去都是从动物或人身上提取的，如胰岛素等。但这些药物存在着一些不足。从动物身上提取的蛋白质药物由于其分子结构与人类存在差异，所以有时会引起患者的过敏，还会出现人畜共患的疾病。从人体上提出的蛋白质药物也有一些缺点，比如来源困难、生产成本高、价格高等，更重要的是容易传播疾病。基因工程药物则克服了这些缺点。基因工程药物是运用基因工程技术将人类某种蛋白质基因，如生长激素抑制素多肽的编码基因，导入大肠杆菌、酵母菌等生物反应器中而生产出来的药物。这些药物的分子结构与人体的一样，一般不会引起过敏反应，也不会出现疾病的传播。时至今日，全球投放市场的基因工程药物已有数百种，正在研制的则不下千种。此外，基因工程技术在诊断与预防疾病方面也给人类带来了福音。例如，如果家族中数人患有某种癌症，利用基因检测可提前确诊其血缘亲属将来是否会患此种癌症，从而提前采取预防措施。再如，基因工程中的PCR 技术已成为当前确诊传染病病原微生物的重要手段。

第二，除了在医疗医学领域给人类带来或即将带来巨大福利之外，基因工程对农业生产也产生了深刻的影响。这首先表现在农作物的育种方面，其能够为农业发展提供新的作物品种。传统的育种技术主要有筛选（选择那些具有优良性状的品种作为种子来进行繁殖）、人工授粉、嫁接、杂交等。此外，还包括 20 世纪中期出现的辐射育种等。这些育种技术的育种周期性长，预期种子具有随机性、偶然性、遗传品质的稳定遗传代数不确定等特点。与此不同，运用基因工程培育新作物能够克服传统育种技术的缺点，具有下列优势特点：（1）定向性。从基因工程的原理知道，它可将某一基因转移到微生物、植物、动物，使转基因生物获得某种预期的性状，也可改造生物体已存在的特定基因。（2）无限制性。它可以克服物种的遗传屏障，使任何生物之间的遗传交流都成为可能。（3）耗时相对短。有人估计，在常规育种中，两个亲本产生 2000 个后代才可获得一个理想的个体，运用基因工程则只需 30 个后代即可[1]。（4）遗传的稳定性。运用基因工程培育出的新种可以确定它的某些遗传品质能够稳定遗传。

总之，基因工程育种加强了人对育种结果的控制，更容易实现新品种目标性状的表达，人们可根据生产的需要迅速培育出具有抗倒伏、抗病毒、抗虫、抗除草剂、耐旱、耐涝、更高产的新品种。比如，目前，我国已批准商

---

〔1〕 沈孝宙编：《转基因之争》，北京：化学工业出版社 2008 年版，第 27 页。

业化生产的、受到了农民普遍欢迎的抗番木瓜环斑病毒的转基因木瓜就具有原来木瓜不具有的抗病毒性状。番木瓜环斑病毒是一种侵害木瓜的植物病毒，于1948年在美国夏威夷被首次发现。此后的几十年里，世界多个木瓜产地出现了这种环斑病毒的广泛流行，其中包括中国南方的多个省份。这种病毒的严重流行可导致木瓜减产八九成，成为木瓜产业的主要限制因素。运用转基因技术，科学家培育出了抗番木瓜环斑病毒的转基因木瓜。1998年美国批准了转基因木瓜的商业化种植。可以说，转基因木瓜直接挽救了美国的木瓜产业。我国也培育了转基因木瓜“华农1号”，并于2006年获得中国农业部颁发的安全证书，此后得到大规模种植，产生了巨大经济效益。除了转基因木瓜外，我国还批准了转Bt基因棉花的商业化生产。转Bt基因棉花也具有抗虫的特性。苏云金芽孢杆菌（简称Bt）可以产生具有杀虫能力的伴孢晶体蛋白（也称作杀虫蛋白）。利用Bt生产生物杀虫剂在农业生产中早有运用。现在，有转Bt基因烟草、转Bt基因番茄、转Bt基因棉花、转Bt基因玉米、转Bt基因水稻。在我国只有转Bt基因棉花可商业化生产。研究人员对我国河北、山西、河南、山东、安徽、江苏等六省种植转Bt基因棉花前后的效果进行了对比分析。1997年Bt转基因棉花开始在上述六省推广。调查数据显示，1997—2006年，棉铃虫卵和幼虫的密度随着Bt转基因棉花的推广逐步降低。而在1992—1996年，棉花和其他作物上的棉铃虫种群一直保持相当高的密度。研究人员根据1998—2006年在河北廊坊棉田收集的数据还发现，在Bt棉与非Bt棉上，棉铃虫的密度没有很大区别，但棉铃幼虫的密度则有显著的区别。这些研究表明，转Bt基因棉花的商业化种植对过去十年间长效且大面积地抑制棉铃虫数量有重要作用[1]。

转基因作物的新性状既能够保障农作物的产量，又能够节约农业生产中的各种成本，比如农药成本、水资源成本以及因喷洒农药、抗旱排涝而产生的人力成本。换言之，这些转基因作物的大面积种植具有重大的社会经济意义。一是保证粮食安全。民以食为天，粮食的不安全会从根本上动摇人类生存的基础。在过去几十年里，全球人口的快速增长，特别是大多数发展中国家人口的快速增长速度，已经超过了全球粮食的增长速度。随着世界人口的不断增长，粮食安全已成为人类面临的三大问题（粮食、能源、环境）之

〔1〕 许文涛、黄昆仑主编：《转基因食品社会文化伦理透视》，北京：中国物资出版社2010年版，第26—27页。

一。在这方面，我国也不例外。有人就曾表达过“谁来养活中国人”的担忧。为了应对这一世界性问题，现在，研究人员将目光转回作物产量的基础——固碳作用，因为提高光合作用和碳代谢的效率能够提高作物的产量。世界上一半以上的人口以稻米为主食。杂交水稻专家袁隆平先生预计到2030年全世界必须比1995年多生产60%的稻谷才能满足人类的需要。[1] 因此，如何提高水稻的固碳作用就成了研究的重点。不同生物的光合作用过程不同，其固碳效率也不同，水稻的固碳效率比较低。不过，将玉米的两个特殊基因引入水稻后，水稻的光合作用会大幅度提高，产量在实验条件下能提高25%[2]。这就是说，转基因农作物因自身的特点能够比传统农作物更有效地保证粮食的产量，保证人类的粮食安全。二是增加经济收入。以美国2002年Bt棉花的种植为例。由于农药用药量的减少而用药成本降低，加上产量的提高，棉农的年净收入增加了1.05亿美元。此外，生物技术公司因转基因棉花种子获利8000万美元[3]。2016年全球仅转基因种子市场价值就高达158亿美元，占2016年全球商业种子市场450亿美元市值的35%[4]。

第三，减少农业对环境的影响，有利于保护生物多样性。这一点可从多个方面看出。比如，种植转基因作物可节约耕地，为其他生物留下生存空间，这有利于生物的多样性。据统计，“1996年—2015年，共节约1.74亿公顷土地，保护了生物多样性；仅2015年一年就节约了1940万公顷土地”[5]。此外，农药使用量的减少也有利于维护生物的多样性。2002年美国种植Bt棉花，棉花杀虫剂全年使用量按有效成分计算，减少了约100万公斤[6]。又如，以往人们说塑料袋是“白色污染”，这主要是因为用以往的生产方法生产出的塑料难以降解，降解所需的时间非常长。与此不同，采用转基因手段对转基因作物做更多的改造就能生产出可生物降解的塑料。再如，利用转基因生物可分解海上石油开采泄漏的石油造成的污染。

---

〔1〕《“杂交水稻之父”袁隆平：发展海水稻保障中国与世界粮食安全》，中国新闻网，http://www.chinanews.com/cj/2017/09-07/8325406.shtml，最后访问时间：2019年7月11日。

〔2〕［德］佩汉、［荷］弗里斯：《转基因食品》，陈卫、张灏等译，北京：中国纺织出版社2008年版，第209页。

〔3〕沈孝宙编：《转基因之争》，北京：化学工业出版社2008年版，第105页。

〔4〕国际农业生物技术应用服务组织：《2016年全球生物技术/转基因作物商业化发展态势》，载《中国生物工程杂志》，2017年第4期，第1—8页。

〔5〕国际农业生物技术应用服务组织：《2016年全球生物技术/转基因作物商业化发展态势》，载《中国生物工程杂志》，2017年第4期，第1—8页。

〔6〕沈孝宙编：《转基因之争》，北京：化学工业出版社2008年版，第105页。

第四，从人类食品层面来看，就像传统的生物技术可生产出可口的食品或食材一样，转基因技术能够提供新的食品生产技术与品质更好的新的食品材料，生产出更可口的食品。此外，运用转基因技术还可生产出氨基酸、助鲜剂和甜味剂等食品添加剂，这些食品添加剂极大地改善了食物的口感。与传统的诱变育种技术相比，基因工程在这些食品添加剂的大规模生产中日益显示出其强大的威力。这些新产品就是现在所讲的第二代、第三代转基因产品。因此，从食品消费层面来看，它能提高人们的日常生活水平。但是，由于转基因食品的安全性存在争议，目前种植转基因作物主要的受益者是农民而不是消费者，但将来转基因作物可能会给消费者带来更直接的利益。

三、安全的不确定性

虽然转基因在人类生活中有着广泛的应用，给我们描绘了许多美好的生活前景，但是对这些美好前景却有着不同的声音，这主要来自转基因技术的安全性的不确定性，以及基于其他目的而产生的一些争议。

其实，从基因工程诞生初始，科学家们就深切关注它存在的潜在风险。这一方面美国斯坦福大学教授保罗·伯格（Paul Berg）及其他机构的相关科学家给我们树立了一个非常好的榜样。20 世纪 60 年代末，伯格教授开始研究猴病毒 SV40。当时科学家已认识到，细菌病毒能够进入细菌体内，并将外源基因带入细菌。伯格教授则计划用高等动物的病毒，把外源基因引入真核细胞。于是，他首先尝试将猴病毒 SV40 与细菌的一段 DNA 连接起来。经过他与助手的艰苦努力，他们取得了成功，因此获得了世界上第一例重组 DNA。按照原计划，他们会进一步将重组的 DNA 转化到真核细胞中。庆幸的是，在他们将这一段重组 DNA 转化到真核细胞之前，伯格教授参加了 1971 年的冷泉港生物学会议，并在此会议上公布了他们的这一计划。他们的计划引起了与会的一些生物学家的警觉。冷泉港实验室的微生物学家罗伯特·波拉克（Robert Pollack）提醒伯格，他们正在研究的猴病毒 SV40 是一种小型动物的肿瘤病毒，能够把人体的细胞转化成人类肿瘤细胞，如果研究中的一些材料扩散到自然环境中，可能会成为人类的一种致癌因素进而导致一场灾难。闻听此言，伯格教授咨询了多位有关生物学家并与一些专门研究 SV40 病毒的科学家进行了充分讨论，之后，伯格教授团队决定暂停将重组 DNA 转染细胞的实验。紧接着，第二年即 1972 年，科学家们掌握了“生物刀”技术，使 DNA 重组在技术上更容易实现。这些技术进步引起了越来越多的人对重组 DNA 可能带来的潜在危害的深切关注。在这一背景下，一个新的概念——生物安全——应运而生。人们逐渐认识到，如果对重组 DNA 技术不加以限制和指导，可能带来严重的生物危害。为此，科学界举办了一些关于生物安全的会议。其中，1975 年在美国加州阿西洛玛（Asilomar）举行的会议是其中最重要的会议之一。此次大会的主题是关于重组 DNA 生物的安全性。与会人员共有 150 名，来自美国和其他 12 个国家，都是当时分子生物学界的精英。参会人员都以大量的实验证据为基础展开了激烈的讨论，甚至争论。他们或者认为基因的操纵存在危险，或者认为不存在危险。从此可看出，基因工程的安全性问题自始便存在着两种针锋相对的意见与观点。

有人可能会说，技术本身无所谓好坏，主要取决于人类如何利用它。这就是人们常说的科技是一把双刃剑，既可造福人类，也可毁灭人类。但是，具体到转基因技术及其后果，答案却并不完全如此确定。它不像核技术那样，如何使用核技术对人类有益、如何使用对人类不利等都是确定的，核技术的后果哪方面是有利的、哪方面是不利的也是确定的。转基因技术引发的安全性关切主要是由它的不确定性造成的。转基因技术的不确定性主要表现在以下几个方面。

（一）转基因技术本身安全的不确定性

2017 年 7 月 26 日，《麻省理工技术评论》报道称，美国俄勒冈健康科学大学的生物学家舒克拉特·米塔利波夫（Shoukhrat Mitalipov）率领其工作团队，使用 CRISPR 基因编辑技术改变了数十个单细胞胚胎的 DNA。这是继中国中山大学副教授黄军团队对人类胚胎进行基因编辑的研究之后，人类又一次对自身胚胎进行基因编辑的研究。编辑人类胚胎基因据说可消除家族遗传病，或克服癌症、乙肝、艾滋病等不治之症。但是 CRISPR[1]基因编辑技术目前还不是非常安全。这项技术还存在着基因嵌合现象与脱靶效应两个重要的缺陷。“基因嵌合现象，是指在基因编辑过程中，会导致一部分编辑错误，并且在一个胚胎中仅有部分细胞被编辑，这样没有经过编辑的细胞，仍然可能出现病变，导致不可预测的后果。而脱靶效应，是指在应用 CRISPR 技术

---

〔1〕 CRISPR，Clustered regularly interspaced short palindromic repeats，是一项基因编辑技术，利用这一技术，可以对生物的 DNA 序列进行修剪、切断、替换或添加。

时，会有一定的概率殃及目标之外的基因。”[1]这两个缺陷的存在说明，CRISPR 基因编辑技术的安全性目前还是不确定的。

也许有人说这是 CRISPR 基因编辑技术发展不成熟的体现，随着研究的深入，CRISPR 基因编辑技术最终会成熟而变得确定、安全。这种看法有一定道理，但是，转基因技术领域的许多技术都处于这个阶段，换言之，人类所进行的转基因活动是以不确定性为基础的。这多少有点让人担心。

（二）转基因生物对生态系统影响的不确定性

对基因工程、转基因技术的另一个争论是，基因工程的产物即转基因生物被大规模地投放到大自然中会否对农业生物多样性和地球生态系统造成负面影响。对此问题，同样存在着两种截然相反的看法。一方认为，现在已经广泛种植的转基因作物对环境不但没有负面影响，而且还有很大的益处，非政府组织国际农业生物技术应用服务组织就持此观点。另一方则认为，其会对自然环境造成不可预测的风险。

事实上，任何类型的农业都会对自然环境造成这样或那样的负面影响。这几年我国一直推行的退耕还林，原因就是以前为了增大农业种植面积而进行的开荒造成了水土流失、土地沙漠化、湿地减少、生物多样性减少、气候异常等。这一点联合国粮农组织（FAO）在 2004 年的一份报告中已指出：“任何类型的农业，包括自给自足农业、有机农业或集约农业，都会影响环境”，所以，“农业的遗传新技术也同样会对环境产生影响”。报告进一步强调：“转基因作物对环境产生正面还是负面影响，取决于人们使用的方式和地点。”[2]对这个报告的观点，我们需要一分为二地看待。在转基因技术会对环境产生影响这一点上，这份报告是对的。在转基因技术对环境产生的影响是否取决于人们使用的方式与地点的问题上，这份报告的态度显然过早地乐观了。我们知道，运用转基因技术引入新的基因或修改原有的基因，已经成为改变生物性状的有效方法。与传统育种过程中上千未知基因间的杂交相比，转基因育种方法明显具有可预见性。但是，与传统的作物育种不同的是，一些自然状态下不会发生的基因交换可能会因转基因作用而发生，因而

---

〔1〕 贺涛：《基因改良的超级婴儿可能诞生吗》，载《东西南北》，2017 年第 20 期，第 37—39 页。
〔2〕 转自沈孝宙编：《转基因之争》，北京：化学工业出版社 2008 年版，第 78 页。

很难预测未来的长期效应[1]。就是说，从长远来看，转基因生物对环境的影响是不确定的，就现有的知识而言，其结果是无法预测的。

目前，人类关于转基因生物对农业生产与地球生态环境的影响的担忧主要集中在以下几个方面：对转基因生物环境生物多样性的影响，转基因生物基因漂移的生态风险，转基因生物杂草化及生存竞争力风险，靶标生物对转基因生物抗性或适应性风险等[2]。在这些方面，都不能笼统地说转基因生物是安全的还是不安全的。

（三）转基因食品对人体健康影响的不确定性

1993 年，美国生产了世界上第一例转基因食品（Genetically Modified Food）——延熟转基因西红柿。一开始，社会公众对转基因食品的安全性并没有给予太多的关注。但是，1998 年，当时任职于苏格兰罗伊特研究所的英国科学家普斯陶（Pusztai）发布了他关于转基因土豆毒性的研究报告。这篇报告的发布使社会公共开始怀疑转基因食品对人体健康的安全性。普斯陶在电视纪录片中声称，他的研究结果表明，幼鼠食用转基因土豆 10 天后，其肾脏、脾脏和消化道受到损伤，免疫系统也遭到破坏，而破坏幼鼠免疫系统的正是转基因成分。当时英国乃至世界正处于由“疯牛病”引发的食品安全危机的恐慌之中，普斯陶的报告无异于火上浇油，加上血淋淋的电视画面，一时舆论哗然。扑朔迷离的是，普斯陶的研究报告很快遭到了英国皇家学会的批评，理由是“证据不足”。普斯陶本人也遭到了罗伊特研究所暂时停职的处理，而且很快被强制退休。但是，到了 1999 年，又有 20 名科学家（据称包括基因工程专家、毒物学家、医学家）站出来发表联合声明，支持普斯陶的研究结果。

抛开此事件的蹊跷历程不论，此事件的社会效应是激起了社会公众对转基因食品安全问题的关注。现在，人们对此问题的关注主要集中在“转基因食品的过敏性、毒性、抗生素的抗性”等方面[3]。

---

[1] ［德］佩汉、［荷］弗里斯：《转基因食品》，陈卫、张灏等译，北京：中国纺织出版社 2008 年版，第 4 页。

[2] 许文涛、黄昆仑主编：《转基因食品社会文化伦理透视》，北京：中国物资出版社 2010 年版，第 14 页。

[3] 许文涛、黄昆仑主编：《转基因食品社会文化伦理透视》，北京：中国物资出版社 2010 年版，第 246 页。

人体对转基因食物与非转基因食物的消化过程是完全一样的，这构成了人们对转基因食品安全的担忧的前提之一。每顿饭我们都会吸收数百万的蛋白质分子和 DNA 分子。食品包括转基因食品进入人体之后，人体的消化液会将这些食物分解为愈来愈小的分子。在小肠中，那些从转基因食物中分解出来的小分子就会被吸收进人的血液。所以转基因食物含有经过编码的特殊蛋白质的基因，比如抗病毒、抗除草剂基因的 DNA，也会像非转基因食物的 DNA 分子一样被人体消化处理。

从食物安全的角度来看，就像中医药里所说的，“食药同源”“万物皆为药”“是药三分毒”，所有的食品，无论是转基因食品还是非转基因食品，都会含有致毒性或毒性成分。毒性物质是指那些由植物、动物、微生物产生的对其他种生物有毒的化学物质，这些有毒化学物质可对人体各种器官和生物靶位产生化学和物理化学的直接作用，引起机体损伤或变形、功能失常或丧失以及致癌等各种不良生理反应〔1〕。食物过敏是人们对食物安全关注的又一重要内容。几乎所有的食物致敏原都是蛋白质。90% 以上的食物过敏是由大豆、牛奶、鸡蛋、鱼类、贝类、小麦和坚果七大类致敏食品引起的。这种风险对转基因与非转基因食品来说都是一样的，因为二者都含有某些对人体健康构成潜在威胁的蛋白质。只要这种蛋白质存在，它就会引起过敏反应，比如，对巴西坚果过敏的人对转入巴西坚果基因后的大豆也过敏。但是，转基因食品在这方面的风险系数似乎要高一些。利用转基因技术可以使植物、动物表达出不属于自身的新物质。这些新物质可能是传统食物的成分，比如维生素、蛋白质、脂肪、糖类等，也可能是传统食物以外的成分。而且，如果外源基因表达的产物是酶类，那么，其所催化的酶促反应的代谢产物也属于新物质。从理论上讲，任何外源基因的转入都有可能导致基因工程体产生不可预知的或意外的变化，其中包括多向效应〔2〕。转基因食品是运用转基因技术生产出来的食材加工而成的。在运用转基因技术生产转基因食材的过程中，也可能产生预期之外的新蛋白质。这些新蛋白质有可能引起食物过敏甚至中毒。从这个角度看，转基因食品的安全性确实处于不确定状态之中。一般来说，转基因食品在以下几种情况下会引发食物过敏或中毒：（1）转入

〔1〕许文涛、黄昆仑主编：《转基因食品社会文化伦理透视》，北京：中国物资出版社 2010 年版，第 12 页。

〔2〕许文涛、黄昆仑主编：《转基因食品社会文化伦理透视》，北京：中国物资出版社 2010 年版，第 13 页。

基因本身编码已知的过敏蛋白；（2）转入基因是编码已知过敏蛋白基因的一部分；（3）转入基因编码蛋白同已知过敏蛋白的氨基酸序列在免疫学上有明显的同源性；（4）转入基因表达蛋白属于某类蛋白的成员，而这类蛋白中有某些种类是过敏蛋白；（5）转入基因及其表达引起受体生物基因表达的改变，如沉默基因的激活等，导致新的过敏蛋白的产生〔1〕。

为避免过敏、中毒等风险，新开发的转基因食品在投入市场之前都应该进行活体过敏试验和毒理测试。现在某些转基因食品具有毒性或能引起食物过敏已得到事实确认，一些人据此推断所有的转基因食品都不安全。这种以偏概全的“推理”显然是不正确的，因为其他转基因食品经过理论论证与动物试验测试都证明是安全的，而且有些转基因食品经过人的食用至今并未发现不良生理反应。但是，反对转基因食品者也会对此提出质疑。他们的理由是，到现在为止没有引起人的不良反应并不能证明这些转基因食品是安全的，因为有些不良反应是长期食用后才会显现出来的。这种说法的确能引起人的顾虑，相比于传统食物经过人类几千年的食用，人类食用转基因食品的时间毕竟不长。在此意义上，转基因食品的安全性确实是不确定的。而且，时至今日还没有哪个国家将转基因食品用作主粮，而主要是将转基因玉米、转基因大豆用作动物饲料。一方面，这表明人们虽然直接食用了转基因食品，但是食用量相对比较小。另一方面，这又提出了一个新问题，人类长期间接食用转基因食品，即食用由转基因饲料养殖进而生产的鱼肉、猪肉、牛肉等，是否安全。

第二节　转基因诱发的全球转基因问题

转基因技术本来是一个科学技术话题，但是，今天它已走出科学研究领域而成为一个备受争议的社会话题。这是因为应用于人类生产、生活领域时，它的安全性与后果具有不确定性——既可能改善人类的生活，也可能给人类带来灾难，甚至毁灭人类，所以，出于各种考虑，不同的群体，不同的国家、地区对它的态度与接受程度不一样。有的人出于安全的考虑反对转基因，强烈要求政府对转基因实施严格的管理制度，甚至希望政府禁止转基因

〔1〕 薛达元主编：《转基因生物安全与管理》，北京：科学出版社2009年版，第78页；陈君石编：《转基因食品：基础知识及安全》，北京：人民卫生出版社2003年版，第89—92页。

技术和产品；有的人出于自身利益的考虑支持或反对转基因。前者如有机农业的生产者，后者如转基因生物科技公司、转基因作物的种植者。而且，这个社会话题并不局限于一个国家之内，在这个开放的时代，它已跨越国界成为一个全球性话题。首先，由于全球各个国家、地区转基因技术发展的不平衡性，在经济全球化的推动下，转基因技术的应用有可能加剧当今全球的贫富差距。由于不同国家、地区的民众对转基因的接受程度不一样，各国的转基因管理政策也不一致，所以，国与国之间因转基因国际贸易极易出现冲突。其次，第二次绿色革命的发展正处于一个特殊的时代。经济方面，经济全球化正突飞猛进，资本、技术等随着跨国公司在全球流动。生态环境方面，经过工业现代化与第一次绿色革命的发展，食品安全、环境问题是当前人类共同面临的严峻挑战。人们的健康安全意识、环保意识、可持续发展的诉求日益高涨。科技方面，信息技术像生物技术一样也在快速发展，全球的信息交流频繁迅速。全球社会公共空间方面，非政府组织空前活跃，公众参与意识、全球意识在迅速形成。社会治理方面，各国政府的政策日益透明。这样的社会背景是第一次绿色革命难以比肩的。也正是在这样的大背景下，与转基因技术、转基因作物、转基因食品有关的任何信息都可能会成为一个引爆点，在一国乃至全球引起轩然大波。正是在这个意义上，转基因问题是一个国家的政治问题，甚至是一个全球政治问题，由此“转基因政治”应运而生。

一、转基因农业在全球的发展

转基因技术自 1996 年起应用于农业，时至今日得到了长足发展。国际非营利组织国际农业生物技术应用服务中心每年对全球转基因作物商业化发展态势进行分析。根据此组织的统计，近几年全球商业化种植转基因作物的情况如下：

2011 年，是转基因作物商业化的第 16 年，在连续 15 年（1996—2011 年）的增长后，转基因作物种植面积持续增加，全球 29 个国家 1670 万农民商业化种植了 1.60 亿公顷转基因作物[1]。

2012 年，是转基因作物商业化的第 17 年，转基因作物种植面积持续增

〔1〕 以上数据均来自克莱威·詹姆斯（Clive James）每年写作的《××年全球生物技术/转基因作物商业化发展态势》，载于当年的《中国生物工程杂志》。

加，全球27个国家1730万农民商业化种植了1.703亿公顷转基因作物。

2013年，是转基因作物商业化的第18年，转基因作物种植面积持续增加，全球27个国家1800万农民商业化种植了1.752亿公顷转基因作物。

2014年，是转基因作物商业化的第19年，转基因作物种植面积持续增加，全球28个国家1800万农民商业化种植了1.81亿公顷转基因作物。

2015年，是转基因作物商业化的第20年，全球28个国家1800万农民商业化种植转基因作物，种植面积达1.797亿公顷，比2014年减少了1%。

2016年，是转基因作物商业化的第21年，种植面积达到峰值，全球有26个国家商业化种植了转基因作物，种植面积为1.851亿公顷。除2015年外，这是第20个增长年头。

上面的统计数据显示：（1）自1996年转基因作物在全球商业化种植以来，到2016年是其商业化种植的第21年，种植面积由1996年的170万公顷增长到2016年的1.851亿公顷，增长了100多倍。（2）2011年至2016年，全球每年有26个到29个国家种植转基因作物，每年涉及农户1800万左右，每年的种植面积在1.8亿公顷左右，除2015年外，种植面积呈增长趋势。

国际农业生物技术应用服务中心的克莱威·詹姆斯还绘制了自1996年至2015年全球发展中国家与发达国家种植转基因作物的趋势图（图1.1）。可以看出，自2011年起，全球发展中国家种植转基因作物的面积超过了发达国家。

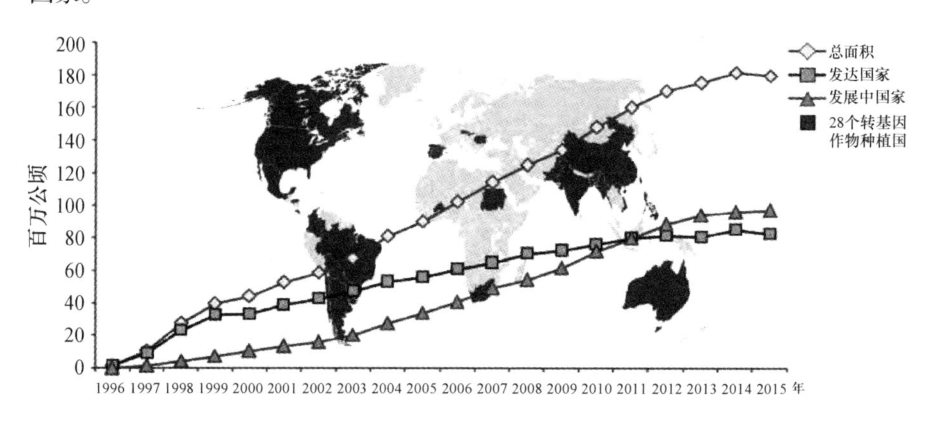

图1.1 1996—2015年全球发展中国家与发达国家转基因作物种植趋势[1]

[1] 参见克莱威·詹姆斯：《2015年全球生物技术/转基因作物商业化发展态势》，载《中国生物工程杂志》，2016年第4期，第1—11页。

表 1.1　2011—2016 年全球各国转基因作物种植情况[1]

国家	2011 年		2012 年		2013 年		2014 年		2015 年		2016 年		转基因作物
	种植面积（百万公顷）	排名	种植面积（百万公顷）	排名	种植面积（百万公顷）	排名	种植面积（百万公顷）	排名	种植面积（百万公顷）	排名	种植面积（百万公顷）	排名	
美国	69.0	1	69.5	1	70.1	1	73.1	1	70.9	1	72.9	1	玉米、大豆、棉花
巴西	30.3	2	36.6	2	40.3	2	42.2	2	44.2	2	49.1	2	大豆、玉米、棉花
阿根廷	23.7	3	23.9	3	24.4	3	24.3	3	24.5	3	23.8	3	大豆、玉米、棉花
印度	10.6	4	10.8	5	11	4	11.6	4	11.6	4	10.8	5	棉花
加拿大	10.4	5	11.6	4	10.8	5	11.6	5	11.0	5	11.6	4	油菜、玉米、大豆
中国	3.9	6	4.0	6	4.2	6	3.9	6	3.7	6	2.8	8	棉花、木瓜、白杨
巴拉圭	2.8	7	3.4	7	3.6	7	3.9	7	3.6	7	3.6	6	大豆、玉米、棉花
巴基斯坦	2.6	8	2.8	9	2.8	9	2.9	8	2.9	8	2.9	7	棉花
南非	2.3	9	2.9	8	2.9	8	2.7	9	2.3	9	2.7	9	玉米、大豆、棉花
乌拉圭	2.8	10	1.4	10	1.5	10	1.6	10	1.4	10	1.3	10	大豆、玉米
玻利维亚	0.9	11	1.0	11	1.0	11	1.0	11	1.1	11	1.2	11	大豆
澳大利亚	0.7	12	0.7	13	0.6	13	0.5	13	0.7	13	0.9	12	棉花、油菜
菲律宾	0.6	13	0.8	12	0.8	12	0.8	12	0.7	12	0.8	13	玉米
总计面积（单位：亿公顷）	1.6		1.703		1.752		1.81		1.797		1.851		/
总计国家（单位：个）	29（10 发达，19 发展中）		28（8 发达，20 发展中）		27（8 发达，19 发展中）		28（8 发达，20 发展中）		28（8 发达，20 发展中）		26（7 发达，19 发展中）		/

〔1〕 数据来自 Clive James 每年写作的《××年全球生物技术/转基因作物商业化发展态势》，载于当年的《中国生物工程杂志》。

这几年，全球种植转基因作物的地区主要集中在美洲，北美洲主要是美国，南美洲则包括金砖成员国之一的巴西、阿根廷等国，其次是亚洲，包括印度、中国等国，再次是非洲，欧洲国家种植的非常少。而且，种植转基因作物的发展中国家数要多于发达国家数，前者几乎是后者的 3 倍。

从种植的作物品种来看，全球种植的转基因作物主要集中在玉米、大豆、棉花、油菜等作物上。

二、转基因语境下的生态环境、食品安全与国际贸易

在当今经济全球化的时代，在巨额利润的刺激下，跨国公司在全球各地大力推广转基因成果，从新产品的研发到生产，从疫苗到食品再到农作物，这些随着全球化而在全球遍地开花。转基因在全球的推广，必定对全球生态环境产生巨大影响，在此基础上，又必然会引起转基因国际贸易的分歧。

转基因对环境的影响在以下几个方面可能成为全球问题。第一，直接的活体转基因生物国际货物贸易导致当地生态环境破坏。有人可能会说，有关转基因的国际货物贸易规则会保护生态环境不被破坏。这种说法是一厢情愿。首先，各国对转基因货物的认定标准、管理制度不一样，有的国家严格，有的国家宽松。其次，进口的转基因生物在使用过程中可能会导致当地作物的基因污染。这方面的一个典型案例就是墨西哥玉米污染事件。2001 年 9 月，国际知名杂志《自然》（*Nature*）报道，当年 9 月 17 日墨西哥环境部公布的本国研究结果表明，在墨西哥的普埃布拉（Puebla）州和南部偏远山区奥科萨卡（Oaxaca）州的 22 个地区中有 15 个地区发现了转基因玉米。同年 11 月，《自然》杂志刊登了美国加利福尼亚大学伯克利分校的土壤学教授伊纳肖・查佩拉（Ignacio Chapela）与伯克利分校的研究生大卫・奎斯特（David Quist）的《转基因 DNA 渐渗到墨西哥奥科萨卡州的传统玉米地方品种中》的文章。这一难以置信的研究成果引起了激烈的争论。反对者认为实验数据不足，因为墨西哥并不种植转基因玉米。墨西哥已于 1998 年禁止种植转基因玉米。后《自然》杂志编辑部撤销了此篇文章，声称不再相信其原创性。针对玉米遭到转基因污染事件，墨西哥国家环保部门于 2002 年 1 月再次公布了由环保部与资源部、国家生态研究所和国家生物多样性委员会等联合撰写的调查研究报告。报告再次确认了污染的事实，并且认为在普埃布拉州和奥科萨卡州的一些地区基因污染率甚至高达 35%；一些植株还发现两种、

三种甚至四种不同转基因在同一植株内。这些污染了的玉米基因组中已含有转基因的各种不同性状，这意味着污染了的玉米已经交叉授粉好几代，污染的事实已经存在好多年了。此次发现的四种转基因都来自美国公司。对墨西哥的传统玉米品种为什么会被污染的唯一解释是：不能排除农民将进口的转基因玉米当种子用。

第二，转基因作物在全球推广，对当地环境造成破坏。这可能是跨国公司的推动，也可能是当地的大公司所为。前者如孟山都在印度推广转基因棉花，后者如巴西的转基因大豆扩张。巴西是世界人口密度最低的国家之一，长期以来，巴西有一句名言——“人们没有土地是因为土地没有人”。广袤的土地、低廉的土地价格为巴西大豆种植业的扩张提供了基础。在塞拉多地区，60% 新开垦农场的占地面积大于 1000 公顷。而这些土地过去都是森林。在素有巴西“大豆之王”之称的麦基当州长的第一年，马托格罗州的森林砍伐速度加快了两倍。对此他不以为然地说：“对于我来说，森林砍伐增长了 40% 根本不算什么；我对于我所做的没有一丁儿犯罪感。我们在说的是一个比欧洲还大的从来没有开发过的地方，所以根本没有什么好担心的。”[1]是的，最先进入塞拉多地区的并不是大豆农场主。通向这些地区的路是由伐木工人、采矿工人开辟的，然后是牧牛者，在放牧者清理完毕后大多数大豆农场主才进入。但是，他们不光清理牧场主留下的垃圾，某种程度上他们还将牧场主赶到了新的森林中。因为他们不只在牧场主们到达后迅速跟进，随之而来的还有便利的交通。这意味着朝一处未开垦的处女地开进更容易了。当然，有的农场主为了能获得更多的利润，不等牧场主或伐木工人来开荒便迫不及待地主动开发这些处女地了。一位美国大豆农场主曾描写她在巴西的经历。她说：“我开着拖拉机穿过一大片刚刚开发一年的土地，旁边的农场主挥动着手臂，指着远处的一大片森林，神采飞舞地说：‘五年之内那里都会变成大豆。’”[2]

从公共利益的角度，环境问题本来就是一个全球问题，涉及整个人类的生存、健康与发展。所以，某一国家、地区的活动影响到环境，其他国家、地区肯定会对此表示深切的关注。从自身利益的角度看，谁都不希望自己身

---

〔1〕［英］拉吉·帕特尔：《粮食战争》，郭国玺、程剑峰译，北京：东方出版社 2008 年版，第 131 页。

〔2〕［英］拉吉·帕特尔：《粮食战争》，郭国玺、程剑峰译，北京：东方出版社 2008 年版，第 135 页。

边埋着一颗随时会爆炸的“环境炸弹”，影响到自身的生存、健康与发展。影响环境的行为是影响每个人、每个国家和地区，乃至整个人类的“危险行为”。在这样的背景下，全球各个国家与地区、社会公众都会关注转基因对生态环境的影响。

全球对转基因问题的关注还有另一原因。从对生态环境的影响来看，推广转基因农业有可能破坏生物的多样性。这引发人们从人类食品安全的角度反思转基因农作物的推广。大自然中能够给人类提供食物的植物本来就不多，不幸的是在历史发展中一些植物种类已经灭绝、消失，给人类提供食物的植物种类在不断减少。时至今日，地球上大多数人依赖的粮食作物主要有3种：水稻、小麦、玉米。这3种主粮为人类提供了60%的热量和56%的蛋白质。为了保障人类的食品安全，《卡塔赫纳生物安全议定书》在前言中明确指出：“起源中心和遗传多样性中心对于人类极为重要。”[1]但是，正如前文所说，转基因技术作物的推广可能破坏地球上生物的多样性，比如，由于转基因玉米具有比野生玉米更强的生命力，根据达尔文的优胜劣汰的进化论，随着转基因玉米的推广，野生玉米就会被淘汰，逐渐消失、灭绝。这势必会影响到人类的食品安全。这是食品安全问题的一个表现，在这个问题上人类有惨痛的教训。20世纪70年代，为了提高生产效率，美国大力推广玉米的标准化作业，这种标准化操作的玉米种植面积占到了当时美国玉米种植总面积的80%。结果，惨剧很快就发生了。当玉米枯叶病来临时，致病真菌迅速传播，仅4个月就摧毁了美国28个州581个郡的玉米，使美国的玉米减产15%。惨剧发生的深层原因就是单一性种植。

人们基于转基因对人类健康、食品安全与环境安全的顾虑直接影响了国际贸易。美国的一家生物技术公司2002年向美国政府申请一种耐除草剂转基因小麦的商业化种植许可，但是到了2004年却主动撤回申请。原因是作为食物，小麦的重要性远大于大豆、玉米。小麦主要用来制作面包、蛋糕、面条等，直接供人消费，而大豆、玉米只是作为食品的添加剂，或作为动物饲料，人类食用它们的量非常小或只是间接消费它们。所以，北美的公众和农民对转基因小麦特别关注，认为对它的安全性应该有更多的研究。小麦在美国和加拿大的粮食出口份额中占比非常大。加拿大小麦行业协会称，有87%的国外小麦进口商要求他们保证小麦不含转基因。

---

[1] 转自沈孝宙编：《转基因之争》，北京：化学工业出版社2008年版，第84页。

2005 年，先正达（Syngenta）公司承认自己出售的玉米中偶然含有未经批准的转基因玉米之后，欧盟暂时禁止从美国进口玉米动物饲料。世界范围内，截至 2010 年，美国小麦主粮的商业化尚未推开，日本禁止进口美国转基因大米，印度停止转基因茄子的商业化脚步。同样，在 2017 年之前，我国政府对特定转基因产品的进口持非常强硬的限制立场。2013 年、2014 年我国曾拒绝多批美国玉米，原因是它们含有先正达公司生产的 Agrisure Viptera 转基因玉米，而我国并没有批准进口这种玉米。据中国新闻网 2014 年 6 月 30 日的报道，国家质检总局召开的新闻发布会宣布，自 2013 年 10 月深圳口岸从一船美国进口玉米中检出未经我国农业部批准的 MIR162 转基因成分后，截止到 2014 年 6 月 16 日，全国出入境检验检疫机构共在 125.2 万吨美国进口玉米及其制品中检出 MIR162 转基因成分。对这 125.2 万吨进口玉米及其制品，我国口岸检验检疫机构均依法作出了退运处理〔1〕。另据厦门日报网 2014 年 8 月 15 日报道，厦门海关 8 月 15 日对 1313.3 吨美国转基因黄玉米作出了退运处理〔2〕。中国之所以对这些进口玉米退运处理，部分原因是担心转基因玉米对环境不安全。

三、基因专利、基因资源、转基因技术的使用限度

转基因技术的发展引发的另一个社会问题是专利制度的变革。近代科学技术能够快速发展有许多原因，专利制度是其中之一。转基因作物能够得到快速发展与推广也与专利制度密不可分。但是，转基因作物中的专利制度与以往的专利制度有所不同，可以说其彻底改变了人类社会以往的专利制度原则。为了了解这种不同，我们先看一下以往的专利制度。

现代专利制度始于英国的 1623 年《垄断法规》（The Statue of Monopolies），距今已有近 400 年的历史。这一法规于 1624 年开始实施。可以说，专利制度推动了始于 17 世纪的工业革命。专利制度对科学技术发明的推动作用主要是通过它的本质特征实现的。“专利制度的核心或者说其本质特征是，授予发明创造人对其发明创造依法享有的垄断权。”〔3〕在专利权有效期内，

〔1〕《中国 8 个月内共退运 125 万吨进口美国转基因玉米》，中国新闻网，http://www.chinanews.com/gn/2014/06-30/6335085.shtml，最后访问时间：2017 年 12 月 20 日。

〔2〕《千吨美国转基因玉米在厦闯关　当晚被退运出境》，厦门网，http://news.xmnn.cn/a/xmxw/201408/t20140815_4005688.htm，最后访问时间：2017 年 12 月 2 日。

〔3〕吴汉东主编：《知识产权法学》，北京：北京大学出版社 2000 年版，第 177 页。

任何人或组织未经专利权人的许可或授权，不能以生产经营为目的而实施此专利。专利权人自己则可通过实施、转让、授权等方式使用此专利，并获取经济利益。在此意义上，专利制度中的垄断权可以说是一种经济利益的垄断权，保证了专利权人的投资回报与利润获取。

但是，专利权不像有形财产权那样无时间限制，它具有时间上有限性的特点。一般而言，所有权的法律保护没有时间限制，只要客体物没有灭失，权利即受法律保护。而专利权的法律保护是有时间限制的，一旦超过法律规定的有效期限，相关的专利就成为整个社会的共同财富，全人类可任意使用。从此可看出，专利权的时间性，一是为了督促权利人尽快实施发明创造，为社会造福；二是为了保障发明创造早日进入公共领域，促进科学技术在此基础上进一步发展；三是为了协调社会利益与权利人利益。因此，专利权保护的时间性已成为当今世界各国普遍采用的原则。专利权的保护期限主要由下面两个因素决定：一是社会利益与权利人利益的协调，二是发明技术价值的寿命[1]。

专利权的另一个特点是它保护的对象是发明创造。我国的《专利法》、日本的《专利法》对此都有规定。发明与自然发现不同。发明是“指依据自然规律原则，运用自己的资金和智力创造出来的新技术方案”[2]。自然发现的是自然界原本就存在的物体。换言之，发现物是不能授予专利权的，所以，长期以来，生命和基因这类自然之物一直是专利的禁区。

但是，这个禁区在20世纪80年代初被美国的“查克拉巴蒂判决”打破。这个判决在现代生物技术领域里被视为生命专利发展的里程碑。此案的过程大致如下：20世纪70年代初，美国通用电气公司的微生物学家A. 查克拉巴蒂利用基因技术培育出一种可以分解海洋和河流中漂浮的石油的微生物，并向美国专利和商标局提出专利申请，要求对此重组微生物新品种授予专利。但是，美国的专利和商标局拒绝了他的专利申请，理由是：生命不属于可授予专利的对象。查克拉巴蒂和他所在的通用电气公司不服，遂向专利上诉法庭提出上诉。上诉法庭法官们对生物学知识的了解可能不像生物学家那样专业，认为这种基因重组的微生物“更类似于无生命的化学物质，如反应物、试剂和催化剂，而不像马、蜜蜂或玫瑰花”。于是，判决查克拉巴蒂

---

〔1〕 吴汉东主编：《知识产权法学》，北京：北京大学出版社2000年版，第9页。
〔2〕 吴汉东主编：《知识产权法学》，北京：北京大学出版社2000年版，第194页。

胜诉。坚信“生命不属于授予专利的对象”的美国专利局自然不服，非常自信地向美国联邦最高法院提起上诉。出人意料的是，1980 年美国联邦最高法院以 5 票对 4 票的结果对此案作出终审判决：查克拉巴蒂的重组微生物专利申请有效。对此判决，当年大法官 W. 伯格说：“在阳光下任何人造之物皆有资格获得专利。”[1]这句名言后来被反复引用。“查克拉巴蒂判决”对现代生物技术具有划时代的意义。1987 年，美国专利和商标局就此发表声明，非自然存在的非人类的多细胞有机体原则上可以申请专利。从此，以往的专利禁区被打破。80 年代末，哈佛大学一个研究组通过基因工程创造了一种老鼠，美国联邦最高法院再次判决授予此鼠专利权[2]。“查克拉巴蒂判决”“哈佛鼠”专利案的判决，确立了一个新专利原则：任何人造物皆有资格获得专利。现在许多国家的专利法都开始允许给植物新品种授予专利，或者在专利法之外另行制定特别法保护植物新品种。比如，我国的《专利法》虽然规定动物和植物的品种不能被授予专利，但我国国务院 1997 年颁布了《中华人民共和国植物新品种保护条例》，建立了一套对植物新品种的保护制度。

转基因作物可获得专利原则的确立推动了生物基因分离改造的研究和应用，但也带来许多意想不到的问题和持续不断的争论。

第一，人们担心人类的共同遗产，比如知识，在知识产权和专利权的名义下，逐渐成为个人和大公司的私有财产。种子行业大量的基因信息不是由转基因种子公司自己研究出来的，而是几个世纪以来人类在共同使用中研究积累得来的。但是，在基因专利制度下，这些公司把部分价值之和加起来之后，就可以对整个种子行业的成果申请专利保护。一个广为引用的例子是，1990 年，格雷斯公司（W. R. Grace Company）与美国农业部（USDA）这对私人与公共伙伴试图取得印度楝树的专利，因为印度楝树是一种有效的农药。然而，这个常识众所周知，印度的农人早在 2000 多年前就懂得这一知识。所以，一个印度议员嘲笑说：“（申请）印度楝树的专利权就像申请牛粪施肥的专利一样。”[3]虽然这项专利申请最终被宣布无效，但却花了足足 15

---

〔1〕沈孝宙编：《转基因之争》，化学工业出版社 2008 年版，第 20 页。

〔2〕以上案例参见沈孝宙编：《转基因之争》，北京：化学工业出版社 2008 年版，第 20 页；［美］威廉·恩道尔：《粮食危机》，赵刚等译，北京：知识产权出版社 2008 年版，第 268 页；刘春田主编：《知识产权法》，北京：中国人民大学出版社 2009 年版，第 179 页。

〔3〕［英］拉吉·帕特尔：《粮食战争》，郭国玺、程剑峰译，北京：东方出版社 2008 年版，第 92 页。

年时间。当这些公司取得印度楝树专利权的努力最终失败的时候，印度国内和国外的一些公司便利用世贸组织知识产权条款做了一些坏事，也就是后来人们渐渐了解的“生物剽窃”（biopiracy）。印度遗传学家苏曼·萨哈伊指出：“以前，像孟山都这样的私人公司只是商业实体而已。现在，它们可以要求印度农业研究委员会的主任从该委员会200多个研究机构中随便使用基因资源。而这些私人企业可以拿我们的基因资源开发专利，并以高出几倍的价格出售。”[1]能够随便使用印度的基因资源是孟山都获得未来繁荣的关键因素[2]。而且，加强“贸易相关的知识产权”的条款是世界贸易组织的一个重要特点。根据世界贸易组织的相关规则，软件保护的规则同样适用于农业知识保护。这样，在知识产权的名义下，任何农业知识实际上都有了申请知识产权索赔的机会。总之，这种专利权和知识产权实质上保护和加强了种子和农用化学品跨国公司的控制权，最终导致农民的独立性受到损害并可能限制农艺学基因库的规模。

第二，如何合理、公平地使用、利用地球上的基因资源成为一个全球问题。在转基因技术时代，与转基因有关的专利权、知识产权和基因资源密切相关。当前的知识产权制度使基因资源蕴藏着巨大的商业价值，因此有人形象地把基因称为“绿色黄金”。由于世界各国、各地区基因资源的分布不平衡，有的国家基因资源丰富，是基因资源大国，比如印度、巴西、中国等国，如何公平地使用这些资源便成为一个全球问题。当前，一些发达国家总是通过各种手段不断掠夺发展中国家的基因资源并申请基因专利，发展中国家不仅不能从中获利，而且使用这些基因资源还要支付高额的专利使用费[3]。美国的转基因大豆之所以比中国大豆出油率高，就是因为从中国获得了野生大豆的相关“基因”。这一点孟山都公司并不否认。中国是大豆作物的起源地，拥有世界上野生大豆种质资源的90%以上。但是孟山都公司始终拒绝说明它手里的野生大豆材料究竟是怎么得到的[4]。一种说法是，2000年孟山都公司在访问中国农业科学院时赠送了一颗转基因大豆。出于礼节，

---

〔1〕［英］拉吉·帕特尔：《粮食战争》，郭国玺、程剑峰译，北京：东方出版社2008年版，第92页。

〔2〕［英］拉吉·帕特尔：《粮食战争》，郭国玺、程剑峰译，北京：东方出版社2008年版，第92页。

〔3〕许文涛、黄昆仑主编：《转基因食品社会文化伦理透视》，北京：中国物资出版社2010年版，第60页。

〔4〕顾秀林：《转基因战争》，北京：知识产权出版社2011年版，第6页。

中国农业科学院向孟山都公司回赠了一颗东北野生大豆种。孟山都公司拿到这颗大豆回到美国后，从这颗大豆中提炼出两种基因，分别是耐寒基因和抗病虫害基因，再加入原有的高产基因，于是生产出了新型大豆“抗农达1号”，并在全世界101个国家申请了64项专利。通过这种方式，孟山都公司就把中国的基因资源据为己有了。所以，如何公平地使用转基因技术，特别是遗传资源，是许多国际组织希望尽快解决的问题。在生物多样性公约专家组的推动下，2007年年初，秘鲁提出建立包括动植物和微生物的“遗传护照”（genetic passport）计划，旨在确保各国可以重建信任，公平处理和共享遗传资源，防止“生物剽窃”的发生。该计划首先得到南美洲一些国家的支持，因为这些国家都拥有丰富的遗传资源[1]。

除了上面的争论外，如何正确使用转基因技术也是人类面临的一个社会问题。转基因种子取得专利权之后，为了防止农民盗种转基因作物，转基因种子公司便相继开发出了“终止子”（Terminator Technology）技术与“背叛者”技术。这两种技术限制了农民的留种权（关于这一点，下文会更详细地介绍），这种做法，受到了广泛批评。1998年10月，国际农业研究磋商小组（CGIAR）在华盛顿召开会议，明确提出禁止“终止子”技术。反对理由主要包括：（1）从外观上分不清“终止子”技术生产的种子，容易造成无法挽回的农业生产损失；（2）通过花粉非故意传播有可能造成生物安全风险；（3）贫穷地区农民留种非常重要等。国际农业促进基金会（RAFI）和一些非政府组织立即响应国际农业研究磋商小组的倡议，纷纷动员公众反对此项技术[2]。现在有些公司为了发现、侦查盗种的转基因作物，正计划开发转基因作物“定位”技术。这种技术就是把某些显著的特性设计到农作物中，让农作物的叶子通过特殊的方式反射出光线，反射出来的光线通过一种定位卫星可以看到。农民从种子公司的这种做法中不会得到任何收益。种子公司这样做纯粹是为了方便自己更容易地从太空中监视它的产品，追踪那些没有花钱购买知识产权的农民而已[3]，但是，农民却要为此而付出成本。当然，这种技术既可用于发现盗种的转基因作物，也可用于其他目的。

---

〔1〕沈孝宙编：《转基因之争》，北京：化学工业出版社2008年版，第106—107页。

〔2〕许文涛、黄昆仑主编：《转基因食品社会文化伦理透视》，北京：中国物资出版社2010年版，第85页。

〔3〕［英］拉吉·帕特尔：《粮食战争》，郭国玺、程剑峰译，北京：东方出版社2008年版，第94页。

在使用、利用转基因技术时，还有一个更令人担忧的用途——军事领域的基因武器。20 世纪 90 年代初，随着转基因技术研究的突破，美国军方也在积极开展基因项目研究，而且越来越向实战目标迈进。为了确保美国在未来的霸主地位，美国军方制订了以基因为秘密武器打击对手的计划——通过转基因食物、药物，使某一特定的人种群体的基因发生突变，从而达到不战而胜的目的。美国《华尔街日报》根据参与者透露的消息称，中国人、欧洲的雅利安人、中东的阿拉伯人的基因，均属于美军的搜集范围。基因武器比生物武器更可怕，不仅杀人于无形，而且无法提防，当发现的时候，整个民族的健康状况已严重恶化，仅医疗支出就足以拖垮一个强国[1]。这可以说是生化武器的又一种形式，其威力应当不亚于核武器。就像如何保证核技术造福于人类一样，人类也必须思考如何保证转基因技术造福于人类。

四、转基因语境下的粮食安全、全球贫困

从全球的角度，转基因技术在农业生产领域应用的现实根据是它有助于解决全球的粮食安全问题。但是，此说法却备受争议，下面我们先详细了解一下全球的粮食安全问题。

虽然在 20 世纪 70 年代以前，全球也出现过多次粮食危机，但粮食安全（food security）成为全球性话题始于 20 世纪 70 年代初。1972—1974 年，连年的自然灾害导致全球粮食减产，世界粮食价格由此上涨 2 倍多，全球出现了第二次世界大战后 30 年来最严重的粮食危机。此后，经过国际社会的共同努力，粮食危机一度得到缓解，但并没有得到彻底解除。20 世纪 90 年代以后，世界粮食安全再次出现了严峻的形势。进入 21 世纪之后，不安全的形势依然存在，虽然各个国家为此作出了不懈的努力。2008 年，全球粮价再次飙升，又一次拨动着人们粮食危机的神经。2017 年，联合国粮农组织等多家机构在布鲁塞尔联合发布了《2017 年全球粮食危机报告》（Global Report on Food Crises 2017）。报告称，世界各地处于严重粮食不安全状态的人数继续大幅攀升。2015—2016 年间全球各地面临严重粮食不安全的人口从 8000 万猛增至 1.08 亿，而且这一数字仍在持续飙升之中。2017 年 3 月 1 日，联合国粮食及农业组织发布了《未来的粮食和农业：趋势和挑战》的报告。报

---

〔1〕 柴卫东：《生化超限战》，北京：中国发展出版社 2011 年版，第 75 页。

告预测，由于人口不断增长，到2050年世界人口将达到100亿，粮食产量将需要增加50%。此报告还警告，除非各国对其粮食种植和分配方式进行“重大改革”，否则世界人口将不得不承受饥荒[1]。

以往的粮食危机给人类带来了巨大的灾难，这方面的一些报道可资我们参考。据英国《金融时报》中文网报道，20世纪，世界性大饥荒导致了7000万至8000万人口死亡。1965年前，约6600万人死于在当时的苏联、印度等国爆发的9场大饥荒。20世纪后半叶，粮食危机更集中地出现在撒哈拉以南非洲；全球65次饥荒中有34次发生在这一地区。[2] 造成的死亡估计人数见图1.2。

面对粮食危机，人类努力寻找各种办法来解决。20世纪粮食危机出现后，在技术层面，人类应对的办法是第一次“绿色革命”。这次革命的核心是农作物新品种的培育与农业耕作方式的变化。虽然人类很早就开始了动、植物的育种活动，但很长时期内，人类主要是通过筛选（选择那些具有优良性状的品种的种子来进行繁殖）、人工授粉、嫁接、杂交等技术来培育新品种。这些育种方式促进品种的改良耗时相对较长，而且效果也相对较差。人类增加产量主要还是依靠增加人力投入、开垦荒地、扩大耕种面积等方式来实现的。在我国历史上，历朝历代都鼓励人口生产，鼓励开荒辟田，而且在战乱后一般都会实行休养生息政策，甚至新中国成立前我国革命的中心问题也是土地问题。这些都与当时的生产技术包括人类的育种技术有关。随着生物技术与其他科学技术的发展，人们逐渐意识到，扩大种植面积那种粗放的经营方式不是人类获取更多粮食的唯一方式，人类还可以通过培育新的高产品种来增加粮食产量。20世纪20年代，人们开始了辐射育种。这种育种技术与古老的筛选、人工授粉、嫁接、杂交等技术比较，显然是一种新的育种方式。到了第二次世界大战后，伽马射线、热中子、阿尔法粒子、贝塔粒子等射线相继被用来育种。近些年还出现了利用宇宙辐射的太空育种。中国航天科技集团公司就设有航天育种研究中心。我国的天宫一号、天宫二号的飞行任务之一就是进行太空育种的实验。2017年3月11日，中国航天科技集团公司航天育种研究中心向图们航天育种示范基地交接了搭乘天宫二号、

---

〔1〕《联合国警告未来几十年人类将面临粮食危机》，新浪财经，http：//finance. sina. com. cn/roll/2017-03-06/doc-ifycaasy7742911. shtml. 最后访问时间：2017年12月20日。

〔2〕西蒙·格里夫斯、莉兹·方斯、费德丽卡·科科：《以全球视角关注粮食短缺问题》，英国《金融时报》中文网，http：//www. ftchinese. com/story/001071711，最后访问时间：2017年3月10日。

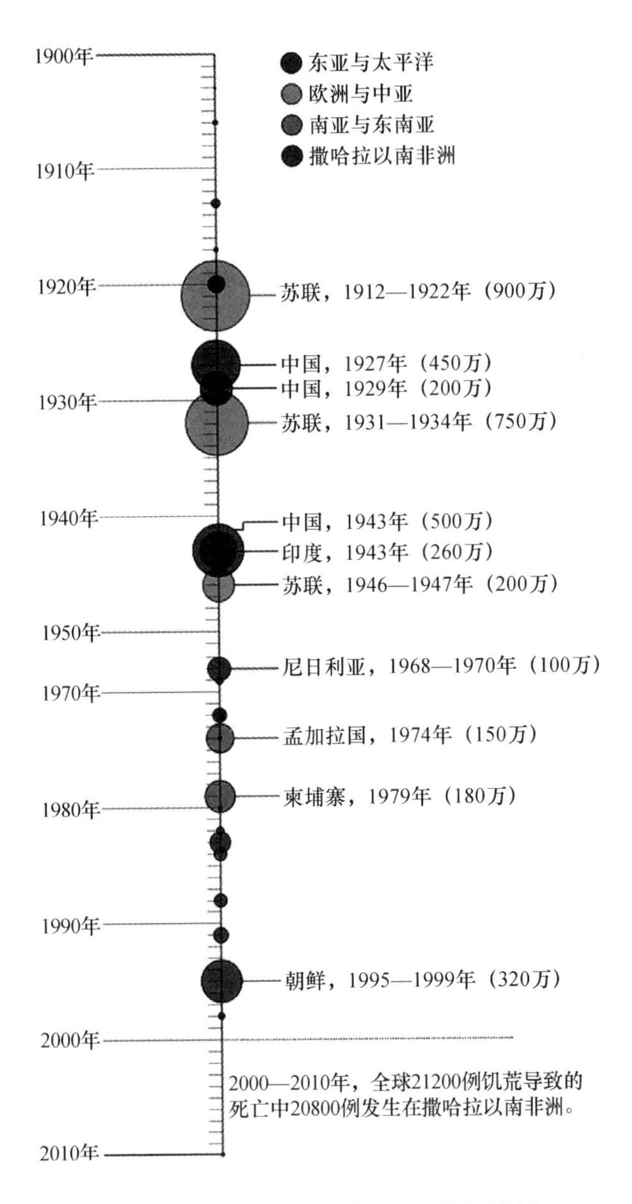

图 1.2　全球主要饥荒导致死亡人数分布[1]

神舟十一号的藜麦、玉桃、人参等太空种子[2]。另据新闻报道，来自北京、内蒙古、陕西、江西、福建、广东等地的蔬菜、杂粮、中药材、花卉、树木

〔1〕 转引自英国《金融时报》中文网，2017 年 3 月 10 日，www. ftchinese. com/story/001071711。

〔2〕 郭春焱：《天宫二号、神舟十一太空搭载种子落户图们》，载《吉林日报》，2017 年 3 月 13 日，http：//cnews. chinadaily. com. cn/2017-03/13/content_ 28529448. htm，最后访问时间：2017 年 12 月 20 日。

等种子搭乘了天宫二号。除了辐射育种外，还出现过利用化学诱变剂引起突变来实现新品种培育的技术。

新的育种方式促使一些高产作物新品种的出现。这就为粮食增产提供了另一种可能。随着这些高产新品种在农业生产中的推广，20 世纪 60 年代世界上出现了第一次绿色革命（green revolution）。绿色革命在 70 年代进入高潮，影响延续至今。从育种的角度看，绿色革命肇始于美国农学家诺曼·布劳格（Norman Borlaug）博士的矮秆小麦新品种的育种与推广工作。他的矮秆小麦新品种能够大幅度提高单产。在洛克菲勒和福特两个非营利基金会的资助下，他先后在墨西哥及拉美其他国家、中东和亚洲等地推广矮秆小麦新品种，种植面积达到 6300 万公顷，出现了“墨西哥小麦”。后来这种高产技术也应用于水稻，并在亚洲取得了成功，出现了“菲律宾水稻”。布劳格博士的这种高产技术成果在南亚次大陆表现得尤为突出，小麦单产提高了 3 倍，水稻的单产提高了 1 倍。这种技术在 20 世纪 80 年代传入我国，也为我国粮食的增产作出了一定贡献。众所周知，亚洲与拉美是世界上最重要的农业生产区域，而且地球上大部分人口又集中分布在这些区域，因此，这些地区粮食产量的大幅度增加，对这些区域和世界而言，其意义都不可小觑。正是基于此，布劳格博士获得了 1970 年的诺贝尔和平奖。总之，随着这种高产技术的推广，世界谷物产量从 20 世纪 60 年代初到 80 年代短短 30 年间翻了一番〔1〕，“解决了 19 个发展中国家粮食自给问题。世界各国的科技对农业增长的贡献率一般都在 70% 以上，像以色列这样一个极度缺水的国家，它的科技对农业的贡献率达到 90% 以上”〔2〕。

绿色革命除了培育高产新品种、将高秆品种改变为矮秆外，还有种植、耕作技术的更新。一是农业机械化，大力推广农业机械在农业生产作业中的使用，节省劳动力且提高作业效率。二是极力推行灌溉。三是农业化学化，大量使用化学肥料以及化学农药，包括杀虫剂、除草剂、杀菌剂等来增产。这些新的耕作技术也是绿色革命的重要组成部分，对粮食产量的提高发挥了不可否认的作用。

但是，就在人们对第一次绿色革命的成绩欢欣鼓舞的时候，它的局限性

---

〔1〕 沈孝宙编：《转基因之争》，北京：化学工业出版社 2008 年版，第 15 页。

〔2〕《第一次绿色革命》，https：//baike. so. com/doc/5975837-6188797. html，最后访问时间：2017 年 12 月 20 日。

也逐渐暴露出来。第一，大量使用化学肥料、除草剂、杀虫剂，导致土壤、水体和食物严重污染，进而危害环境生物和人类自身的健康。“据统计，20世纪50年代对杀虫剂具有抗性的害虫不到12种。但到了1986年，地球上就已有462种害虫对化学杀虫剂产生抗性，致使杀虫剂用量一再攀升，这个恶果至今还在困扰我们家庭餐桌上的每一样食品和饮料。”[1]今天，我国一些人士就在呼吁农业生产要少用化肥，对那些使用化肥者要严厉打击，甚至提出停止生产化肥的主张。第二，“过度灌溉造成不少地区水资源严重浪费，甚至使一些地区地下水枯竭。过度灌溉还导致许多地区土壤盐碱化”。[2]第三，“推广单一的新品种，取代各地原有独特的适应力强的本土品种，导致谷物品种多样性的丢失。没经过多少年，‘绿色革命’的新品种就在一些地区受到新的病虫威胁”[3]。第四，20世纪90年代初，人们发现高产谷物中矿物质和维生素含量很低，用作粮食削弱了人们抵御传染病和从事体力劳动的能力，最终使一个国家的劳动生产率降低，经济的持续发展受阻。

第一次绿色革命的局限性引起了全球关注，人们开始重新思考粮食安全问题。对粮食安全问题，人们也有一个认识过程。20世纪70年代的粮食危机出现后，联合国粮农组织于1974年在罗马召开了第一次世界粮食首脑会议。此次大会首次提出“粮食安全”的问题。在此后几十年里，人们逐渐加深了对粮食安全内涵的认识。1996年，联合国粮农组织粮食安全委员会提出“只有当所有人在任何时候都能在物质上和经济上获得足够、安全、富有营养的食物来满足其积极健康的膳食需要及食物喜好时，才实现了粮食安全”[4]。同年，第二次世界粮食首脑会议在罗马召开，此次会议通过的宣言和行动计划强调经济可持续发展对粮食安全起决定性作用，并首次将贫穷与粮食安全联系在一起，特别指出不消除贫困，不实现持续、有效的经济增长，就不可能推动粮食安全。今天，人们对粮食安全有了全新的认识。粮食安全不仅包括粮食数量安全，还包括质量安全、经济安全和生态安全等。这种认识显然都与第一次绿色革命的经验教训、生态环境保护意识增强、社会财富分配与国际经济秩序、世界和平等因素有关。

---

〔1〕 沈孝宙编：《转基因之争》，北京：化学工业出版社2008年版，第16页。
〔2〕 沈孝宙编：《转基因之争》，北京：化学工业出版社2008年版，第16页。
〔3〕 沈孝宙编：《转基因之争》，北京：化学工业出版社2008年版，第16页。
〔4〕 许文涛、黄昆仑主编：《转基因食品社会文化伦理透视》，北京：中国物资出版社2010年版，第44页。

在人们对第一次绿色革命感到沮丧时，基因工程技术使人们看到了希望。前文曾述及转基因技术描绘的美好前景，从这些描绘中可以看出，通过基因工程技术培育的新品种可以弥补第一次绿色革命中耕作方式所带来的缺陷。所以，一些人认为转基因作物大面积的推广种植事实上就是农业上的一场革命，因此将其称为第二次绿色革命，而且认为第二次绿色革命是真正的绿色革命。

但是，第二次绿色革命也引发了一些问题，一些人由此对第二次绿色革命能够解决全球粮食危机表示怀疑。

第一，关于转基因作物到底能不能解决全球的粮食问题，人们展开了争论。我们主要陈述反对者的看法。首先，反对者认为，转基因作物并不能提高粮食产量。显然，这种观点并不能得到人们的认同。其次，粮食安全除了数量安全外，还有质量安全、营养安全。因此，一些人担忧转基因育种的安全性。再次，有些人从长远考虑，认为转基因作物的种植会破坏生物的多样性，使农作物品种减少，这不利于粮食的长远安全。这一点在前文已谈过。最后，众所周知，饥饿、粮食缺乏主要发生于发展中国家。英国、法国、德国等欧洲发达国家的粮食有充足的供应，这可能也是这些国家反对转基因农作物的原因之一。所以，利用转基因农业主要是帮助发展中国家解决饥饿、粮食匮乏、营养不良等问题。但是，一些人认为利用转基因作物帮助发展中国家的尝试可能失败。因为绝大多数转基因生物的实验是想解决不断增长的除草剂耐受力和害虫抗药性问题，而不是着眼于增加农作物的产量与质量[1]。对于这些反对意见，除了科学技术层面的问题外，笔者认为其他社会层面的问题都会随着人们认识的改变而逐渐改变。这也正是我们研究所要做的。

第二，生物科技公司、跨国公司（主要是种子公司、粮食公司）通过第二次绿色革命控制了世界粮食供应体系。众所周知，第一次绿色革命是由政府牵头推广的，第二次绿色革命是由私人企业发起的。这些私人企业往往是以跨国垄断集团的形式存在的生物科技公司，而且这些公司的雄厚资金是西方政府公共研究机构无法达到的。在高额超级垄断利润的刺激下，这些公司积极投资农业生物技术的研发。当今世界上六大生物科技公司——先正达、孟山都、杜邦、巴斯夫、拜尔、道氏——莫不如此。重要的是，随着转基因

〔1〕许文涛、黄昆仑主编：《转基因食品社会文化伦理透视》，北京：中国物资出版社2010年版，第279页。

农作物在全球的大面积推广，这六大公司逐渐拥有与控制了当今全球绝大部分转基因作物的技术和市场。这是通过知识产权实现的。知识产权是第二次绿色革命的核心，对第二次绿色革命的发展起了极大的推动作用。这一点与第一次绿色革命不同。一方面，第一次绿色革命是公益事业，不存在知识产权问题，当时这方面的知识产权制度也没有发展起来。另一方面，转基因技术远比第一次绿色革命复杂，例如，孟山都公司研发的新型大豆“抗农达1号”在全世界101个国家享有64项专利。而且，第二次绿色革命绝大多数转基因种子及其相关专利都是由私人跨国公司拥有。这些私人跨国公司通过专利制度垄断了国际种子市场之后，并不会停步。这些种子公司进一步扩张，与粮食公司展开合作，进而控制一个国家的粮食生产与食物供应体系，甚至控制全球的食物供应体系。这引起了一些国家的警觉，曾有人惊呼我国大豆产业的沦陷，就是跨国公司对我国大豆供应体系的控制。

第三，转基因作物在全球的推广是跨国垄断公司获取超额国际垄断利润的手段，而且只是富了少数人，加剧了全球贫富分化。联合国粮农组织在2004年公布的一份统计数据可以作为参考。2001年，阿根廷和美国农民种植转基因大豆，分别获利3亿美元和1.45亿美元，生物技术公司则从种子中获利4.21亿美元。2002年，美国棉农种植Bt棉，年净收入增加1.05亿美元，而出售Bt棉种子的生物技术公司获利8000万美元[1]。种子公司通过种子所获得的利润是所有农户获利总和的77%左右，甚至可以达到95%。种子公司的垄断利润之高令人咋舌。与此同时，2001年在阿根廷与美国，未使用转基因品种的大豆种植农民，经济损失为2.91亿美元。2002年，Bt棉降低用药成本，有效提高产量，美国出售Bt棉种子的生物技术公司获利8000万美元。由于棉花增产使销售价格下降，全球棉花价格下跌，其他国家棉农损失约1500万美元[2]。这说明，转基因作物的最大赢家是种子公司。

有人说，转基因作物有利于发展中国家，但是情况并不一定如此。巴西是大量种植转基因大豆的国家之一。在巴西，尽管大豆产业创造了经济奇迹，但同时也加剧了社会的不平等。2002年，巴西有500万的无地家庭，有15万人扎营住于路边[3]。而且，种植转基因作物有时会给种植者带来意想

---

〔1〕 沈孝宙编：《转基因之争》，北京：化学工业出版社2008年版，第105页。

〔2〕 沈孝宙编：《转基因之争》，北京：化学工业出版社2008年版，第105页。

〔3〕 ［英］拉吉·帕特尔：《粮食战争》，郭国玺、程剑峰译，北京：东方出版社2008年版，第141页。

不到的损失。孟山都公司1998年入股印度马哈拉施特拉杂交公司之后，在印度28个邦的6个邦中出售转基因棉花，客户由最初的2.5万户农民扩大到40万户，结果由于产量增加导致销售价格下跌，许多农民债台高筑，数百名农民心灰意冷而自杀。

此外，一些已经研究成功即将推广的新的转基因作物可能对部分地区的农业经济造成难以估量的冲击。这些问题都引起了人们的关注。

第三节　应对转基因问题的立场与伦理原则

转基因问题引发的各个问题是严重而紧迫的。自其一出现，人类就开始采取应对措施。在解决这些时代问题时，从什么立场出发，坚持什么样的伦理原则决定着这些问题解决的效果与转基因技术的发展命运。我们认为，应对转基因问题应从“人类命运共同体”的立场出发，坚持“责任伦理原则”，唯其如此，转基因技术才会健康发展，造福于人类。以不负责任的态度，坚持个人的、狭隘的民族主义、民粹主义，只会使人类遭受灾难。

一、人类命运共同体

随着交通运输技术的发展以及经济全球化、社会信息化、世界多极化的发展，人类交往越来越密切不仅成为可能，而且成为现实。今天，人类的确已经生活在一个地球村内，生活在一个你中有我、我中有你的命运共同体中。任何一方的一个改变都会引来地球上其他地方的一些变化。随着中国居民消费水平的提高，其膳食结构也发生了转变。1989年，中国人均肉类消费量是每年20公斤，目前这个数字已超过50公斤。这一数字的变化间接导致中国大豆的国际贸易发生了变化。1996年以前中国一直是大豆的净出口国，1996年之后中国逐渐成了大豆的进口大国。1996年中国进口大豆384万吨，2010年突破5000万吨，2013年达到6556万吨[1]。这进而引发美国北达科他州作物品种的变化。当地农场主说，四年前他们不种任何豆类，如今大豆种植面积接近耕种面积的三分之一。分析师相信，大豆很可能超过玉米，成为美国种植面积最大的农作物。对此，英国《金融时报》中文网发表一篇文

〔1〕 谷强平:《中国大豆进口贸易影响因素及效应研究》，沈阳农业大学2015年博士学位论文，第45页。

章，题目就是“中国人多吃肉，美国人多种豆?”。影响总是相互的。中国进口的大豆相当一部分是转基因大豆，2012 年已达 5838 万吨[1]。这使一些反对转基因食品的人充满顾虑。这一现象表明，经济全球化、国际贸易已使人类在转基因问题方面形成了一个人类命运共同体。

人类命运共同体的第二层含义是，人类正处于发展大变革大调整时期，正处在一个挑战层出不穷、风险日益增多的时代。这些挑战与风险涉及整个人类的生存与发展，决定着人类的未来命运。当今人类面临的挑战来自各个方面，有来自文化价值观念的冲突，有来自经济领域的利益冲突，有来自不同政治诉求的冲突，有来自社会领域里的各种安全挑战，有来自生态环境的挑战，等等。“当前世界经济增长乏力，金融危机阴云不散，发展鸿沟日益突出，兵戎相见时有发生，冷战思维和强权政治阴魂不散，恐怖主义、难民危机、重大传染疾病、气候变化等非传统安全威胁持续蔓延。”[2]造成这些挑战与风险的原因是多方面的。其中一些是由人类科技活动引起的。这大致可分为两种情形：第一种情形是由于科学技术发展与应用本身的不确定性决定的，比如克隆人问题、高智能机器人问题、基因工程问题，这些问题不管如何抉择，都是关乎全人类的、全球的问题。它决定着整个人类的发展方向——或者享受福祉，或者遭受苦难，或者繁荣昌盛，或者毁灭，而不是哪个国家、哪个社会、哪个民族独享红利或遭受损害。第二种情形是由于人类的活动给人类的生存与发展造成巨大的危害，比如，全球气候变暖的问题、地球生物多样性锐减的问题。这些问题也是关乎全人类、全球的问题。现实中，这些挑战有时是单一的，有时则是多方面纠缠在一起，构成一个复杂的矛盾体。转基因问题就是这样一个复杂矛盾体，涉及人类整体命运，比如，在全球范围内推广转基因作物会不会影响地球生物多样性，会不会造成基因污染而破坏自然环境的整体性，胚胎基因编辑技术可不可用来打造基因改良超级婴儿，等等。

人类命运共同体的第三层含义是，人类命运共同体问题的解决需要人类齐心协力共同面对。从这个意义上讲，整个人类都处在同一叶挪亚方舟之上，没有哪一个国家能够超然于这个人类命运共同体之外而自我封闭于孤岛

---

〔1〕 谷强平：《中国大豆进口贸易影响因素及效应研究》，沈阳农业大学 2015 年博士学位论文，第 45 页。

〔2〕 习近平：《决胜全面建成小康社会 夺取新时代中国特色社会主义伟大胜利》，北京：人民出版社 2017 年版，第 58 页。

之上，也没有哪一个国家能够独自应对人类面临的各种新挑战。各个国家和地区必须从人类命运共同体的立场出发，携起手来共同处理各种挑战，应对各种风险，实现互利共赢，世界才会和平，全球才会发展，人类的生命之花才会绽放。转基因问题也必须依靠全人类的合作与努力。

新时代的人类命运共同体具有历史必然性，这是由人的“类”本质决定的。马克思主义者根据历史唯物主义原理认为，根据人的存在方式，人类社会的发展会经历三种形态：从“人的依赖关系”形态到“以物的依赖性”为基础的人的独立性形态，再到“自由人的联合体”的形态。这三种形态的具体表现就是人类以“族群”为本位阶段，“个体”本位阶段，进而实现以“类”为本位的、建立在个人全面发展和共享社会生产力与社会财富基础上的自由个性阶段。当然，人类社会的发展不是一帆风顺的，总是在矛盾、问题、挑战、风险不断产生、不断解决的过程中实现的。换言之，没有矛盾、没有挑战就不会有社会的进步。转基因问题的出现就是这一社会发展过程中的一朵小浪花，它一方面刺激着人的个体本位思想，撕裂着人类社会，另一方面又促进人在现实中构建、走进人类命运共同体，彰显、丰富人的“类”本质。习近平总书记紧扣时代脉搏，敏锐地注意到了人类社会的发展趋势，在党的十九大报告中大力呼吁，“我们应努力构建人类命运共同体”。

人类命运共同体是一种全新的全球治理观。在新时代，对于如何建设美好的人类未来，人们提出了各种各样的办法与方案。有人奉行单边主义，提出“霸权稳定论”，主张打造一个无所不能的超级大国来主导全球事务。这实际上是霍布斯国内治理模式——“利维坦”——的翻版。有人提出“全球治理论”，主张各国弱化主权，制定共同的规则来管理世界。有人提出“普世价值论”，主张推广一种自封为“先进”的价值观和社会制度来一统天下。这些办法与方案都是建立在个体本位的基础之上，给人类带来的是问题依旧——经济低迷、地缘动荡、恐怖危机、文明摩擦〔1〕。人类命运共同体与这些方案有着截然不同的理论基础与价值取向，具有更大的现实性，是解决全球问题的基本立场与出发点。

首先，人类命运共同体坚持正确的义利观。一是着眼于全人类命运，以全人类的共同利益为先，坚持主权平等，积极推动各国的权利平等、机会平

〔1〕 国纪平：《为世界许诺一个更好的未来——论迈向人类命运共同体》，人民网，http：//opinion. people. com. cn/n/2015/0518/c1003-27013941. html，最后访问时间：2017 年 12 月 20 日。

等和规则平等，抛弃狭隘民族主义、民粹主义。二是在开放、平等、合作的基础上互利共赢。三是危难时刻互帮互助。正如习近平总书记所说："邻居出了问题，不能光想着扎好自家篱笆，而应该去帮一把。"[1]当今，转基因技术的研究，转基因生物的发展、种植、销售和推广在全球具有不平衡性。从统计数据来看，这几年，全球种植转基因作物的地区主要集中在美洲，包括北美洲与南美洲。北美洲主要是美国，南美洲包括金砖国家成员之一的巴西、阿根廷等国，其次是亚洲，包括印度、中国等国，再次是非洲，欧洲种植非常少。其中，美国在转基因生物的研究、发展、种植、销售和推广方面居全球领先地位，而且美国已经把发展转基因生物作为其国家农业发展战略的重中之重。但是，美国这样做并不是为了全球人民的利益，而是为了自己的一国私利——为了维持其在国际粮食生产和贸易中的农业大国地位。在20世纪90年代初激烈的国际竞争中，美国农产品的出口量出现下降。为清除其农产品占领国际市场的障碍，继续维持其世界农业强国与农产品出口第一大国的地位，美国采取了"两手办"的策略。一方面，通过主导关贸协定乌拉圭回合谈判，积极推行自由贸易政策与全球化战略，后来又通过各种方式加大世贸组织对知识产权的保护力度；另一方面，制定了以提高产量与质量、降低生产成本为目标的转基因农业战略，将较其他发达国家占绝对优势的生物技术积极、迅速地应用于农业生产。1991年2月，美国竞争力总统委员会在其《国家生物技术政策报告》中提出了"调动全部力量进行转基因技术开发并促进其商品化"的方针。1996年，罗马世界粮食首脑会议达成了面向21世纪世界粮食安全保障的《罗马宣言》之后，美国通过推进转基因农产品商业化，迅速扩大其种植规模，加速了转基因农业的战略步骤[2]。时至今日，美国一直是全球种植转基因作物面积最大的国家。

我国的转基因技术研究始于20世纪80年代初期，目前已经形成了较为完整的研究开发体系，在某些方面已达到了国际先进水平，是发展中国家中现代转基因作物研究能力最强的国家[3]。但是，我国始终坚持对人类命运负责的态度，坚持全球人民利益优先的利益观，积极研究、谨慎推广。2013年12月23日，习近平总书记在中央农村工作会议上强调："讲到农产品质

[1] 习近平：《构建人类命运共同体——在联合国日内瓦总部的演讲》，http：//www.xinhuanet.com/world/2017-01/19/c_ 1120340081.htm，最后访问时间：2019年7月1日。

[2] 薛达元主编：《转基因生物安全与管理》，北京：科学出版社2009年版，第69—72页。

[3] 薛达元主编：《转基因生物安全与管理》，北京：科学出版社2009年版，第73页。

量和食品安全，还有一个问题不得不提，就是转基因问题。转基因是一项新技术，也是一个新产业，具有广阔发展前景。作为一个新生事物，社会对转基因技术有争议、有疑虑，这是正常的。对这个问题，我强调两点：一是要确保安全，二是要自主创新。也就是说，在研究上要大胆，在推广上要慎重。转基因农作物产业化、商业化推广，要严格按照国家制定的技术规程规范进行，稳打稳扎，确保不出闪失，涉及安全的因素都要考虑到。要大胆创新研究，占领转基因技术制高点，不能把转基因农产品市场都让外国大公司占领了。”〔1〕我国的转基因作物种植面积基本上维持在全球第七名的位置，体现了研究上大胆、推广上慎重的原则，体现了对人类命运负责的态度。

其次，人类命运共同体坚持共商、共建、共享的发展观，一是全球人民共同协商发展大计，共同建设，共同享有发展成果，让每一个人、每个国家都有获得感，而不是少数国家、少数组织独断一切，少数人、少数国家享有发展成果；二是全面共享，全面保障所有人民、所有国家在经济、政治、文化、社会、生态各方面的成果和权益；三是共建共享，共建的过程也是共享的过程，广泛汇聚民智，最大激发民力，形成人人参与、人人尽力、人人都有成就感的良好局面；四是渐进共享，共享发展有一个从低级到高级、从不均衡到均衡的辩证过程。总之，“人类命运共同体”坚持世界人民主体论，让全世界人民共享文明发展成果。这也是解决转基因问题时的一个基本出发点，即在解决、发展、运用转基因问题时，最重要的是所有国家、地区都有权参与到决策中来，都平等地享有决策权。第一，没有哪一个或哪几个国家能够独自解决。第二，转基因问题涉及全人类的整体利益。如果由某一个或几个国家大包大揽，那么，一方面违背民主原则，任何国家无权替其他国家、民族，替整个人类作出选择，另一方面也违背公平原则。同时，每一个国家都应履行与自身能力相匹配的义务，采取实际行为为转基因问题的解决贡献自己的力量。第三，每个民族、国家都应从发展中受益，不能让转基因成为跨国公司、个别国家控制其他国家的策略或谋利的工具。

二、责任伦理

不同的时代有不同的伦理精神，人类命运共同体的时代需要新的伦理来

〔1〕 中共中央文献研究室编：《十八大以来重要文献选编》（上册），北京：中央文献出版社 2014 年版，第 676—677 页。

应对人类面临的挑战，进而支撑世界的可持续发展。这种新的伦理就是责任伦理。

责任伦理由德国学者马克斯·韦伯于20世纪早期首先提出。他认为有两种基本的伦理准则。第一种是基督教道德主义者的准则："基督徒只需按照正义行事，行动的后果可交付上帝。"他将此称为信念伦理。第二种准则为：考虑为行为的各种可能的后果承担责任。韦伯认为，这两种伦理准则之间有着深刻的冲突。首先也是最重要的问题是，行为的伦理价值是由什么决定的。对此，他认为有两种可能。他反问道："就个别情况而言，一个行为的伦理价值，要从何得到决定？从其成果？或是从行为本身所有的某种（伦理上的）内在固有价值？"〔1〕不管哪种可能，他认为，从另一种可能来看，都是非理性的。在他晚年，他进一步认为，信念伦理的一个缺陷就是行为者没有对自己的行为后果承担责任的意识。韦伯说："如果由纯洁的信念所引起的行为，导致了罪恶的后果，那么，在这个行动者看来，罪责并不在他，而在于这个世界，在于人们的愚蠢，或者在于上帝的意志让他如此。"〔2〕与此相反，"信奉责任伦理的人，就会考虑到人们身上习见的缺点，他没有丝毫权利假定他们是善良和完美的，他不会以为自己所处的位置，使他可以让别人来承担他本人的行为后果。"〔3〕从这些论述可看出，像康德一样，韦伯用纯粹意志或善的意志来描述信念价值。而对效果价值，他则从可预见的各种后果的角度来描述。

从责任承担的角度看，信念伦理与责任伦理的区别是："信念伦理的遵行者承担的似乎是单一的责任，即其行动的信念价值；责任伦理的遵行者必须承担双重责任，即其行动需要同时满足信念价值和效果价值。"〔4〕这一点表明，韦伯并没有把信念伦理与责任伦理完全对立起来，而是期望两者能完美地结合起来。他说："能够深深打动人心的，是一个成熟的人（无论年龄大小），他意识到了对自己行为后果的责任，真正发自内心地感受着这一责

〔1〕［德］韦伯：《韦伯作品集（V）：中国的宗教/宗教与世界》，康东、简惠美译，桂林：广西师范大学出版社2004年版，第524页。

〔2〕［德］韦伯：《学术与政治》，冯克利译，北京：生活·读书·新知三联书店2013年版，第107—108页。

〔3〕［德］韦伯：《学术与政治》，冯克利译，北京：生活·读书·新知三联书店2013年版，第107—108页。

〔4〕叶响裙：《由韦伯的"新教伦理"到"责任伦理"》，载《哲学研究》，2014年第9期，第113—118页。

任。然后他遵照责任伦理采取行动，在做到一定的时候，他说：‘这就是我的立场，我只能如此。’这才是真正符合人性的、令人感动的表现。……就此而言，信念伦理和责任便不是截然对立的，而是互为补充的，唯有将两者结合在一起，才构成一个真正的人——一个能够担当‘政治使命’的人。”〔1〕

韦伯强调人应当按责任伦理来行动是有原因的，至少可从以下几个方面来解释。第一，他认为单纯的信念伦理有时会发生非常可怕的后果。用今天的话来说，就是有可能异化为非理性的信念伦理。他说：“如果有人在一场信仰之战中，遵照纯粹的信念伦理去追求一种终极的善，这个目标很可能会因此受到伤害，失信于好几代人，因为这是一种对后果不负责任的做法，行动者始终没有意识到，魔鬼的势力也在这里发挥着作用。”〔2〕所以，韦伯渴望通过责任伦理替代对上帝的绝对信仰。第二，韦伯所处的世界，用他的话来说，是理性化的、“祛魅”的世界。外部世界已没有什么存在能给个体价值的方向给予指引。同时，在我们远离那个唯一的上帝之后，各个领域的各个价值展开了激烈的争夺，都想对我们生命的意义实施控制。现代人必须自己来决定哪一个是上帝，哪一个是魔鬼。这是理性化的世界给人带来的重担——自己决定，自己对行动的后果承担责任。当然，这种决定是理性的决定、理性的坚信。在此意义上，韦伯的责任伦理包含了对行动目的与结果的理性考虑，包含着对理性的肯定。但是，第三，他对理性的肯定不是停留在目的理性即工具理性的层面，相反，他是出于对工具理性化世界的担忧。进入现代社会后，西方社会的显著特点就是“形式的合理性与实质的非理性”，换言之，就是“理性化导致了不合理的生活方式”。所以，韦伯呼吁“价值理性”，期望人在“工作”中发现意义。而且，在工具理性化的世界里，功利主义生活方式盛行，加上科层化的官僚制度，人们不再可能培育出个体的伦理责任感。

表面上看，韦伯的责任伦理与结果论（如功利主义）相近，其实二者还是有重大差别。第一，结果论坚持道德价值完全来自行为结果的好坏，即行为结果是道德评价的客观标准。由于韦伯的责任伦理是与他所说的信念伦理

〔1〕［德］韦伯：《学术与政治》，冯克利译，北京：生活·读书·新知三联书店2013年版，第116页。

〔2〕［德］韦伯：《学术与政治》，冯克利译，北京：生活·读书·新知三联书店2013年版，第115页。

的完美结合，责任伦理的道德价值观则是另一种图景，即道德价值还是要来自某种客观的价值。这种客观价值是通过形式批判获得的。他在写给藤尼斯的一封信中提出，将一项业已承担的义务，一项价值认同，交付形式批判——借助这样一种批判，只能是将价值决定客观化[1]。第二，虽然责任伦理和结果论都注重后果，都是在行动之前、行动选择之时对后果的审慎考虑，都是行动者对自己行为的预期后果、可能后果进行的理性考察与伦理审视，但是，后果论审视的往往是如何达到最大的且最好的行动效果。责任伦理审视的则是自己的行动会对他人、世界产生什么不良后果与影响，以及如何避免最坏结果的出现，而对如何达到最好的效果的考虑则是第二位的。

总之，韦伯的责任伦理与功利主义不同，它要求行动者出于某种信念行动时要有责任意识，不能让他人或世界承担自己行为的后果。这样，行动者责任感愈重，对目的—手段合理性关系的认识就愈充分、愈彻底，他的伦理信念与他的社会行动愈表现出严格的一致性。

韦伯看到了理性化的世界中生命意义的失落以及人与人、人与世界之间的伦理责任的缺失，并为责任伦理出场奋力疾呼，但是，他的责任伦理并没有涉及人与自然的关系。随着理性化的深入，科学与技术的区分越来越不明显，科学技术对自然、对人类自身产生了越来越大的或正面或负面的影响。在这种情形下，责任伦理越来越成为时代的最强音，也必须进一步向前发展。这一工作是由汉斯·约纳斯完成的。

约纳斯不像韦伯那样将责任依旧建立在理性的基础之上，他认为自然才是责任的现实基础[2]。在约纳斯看来，现代伦理学，无论是功利主义伦理学，还是坚持个体主体性原理的康德义务论，抑或是坚持主体间性原理的哈贝马斯商谈伦理学，都很少给自然以特殊的道德考虑，这样在人与自然之间存在着一道裂缝。以康德为例。康德认为，其他动物只有服务于人类目的的价值。在《伦理学讲演》（1779）一书中，康德写道："但是只要与动物相关，我们就没有直接的责任。动物……只是达到目的的手段，而那个目的是人。"于是，在康德伦理学的视域，我们可以以任何方式，甚至以虐待的方式对待动物，因为没有"直接的责任"约束我们不去这样做。当然，康德也

[1] 叶响裙：《由韦伯的"新教伦理"到"责任伦理"》，载《哲学研究》，2014 年第 9 期，第 113—118 页。

[2] 张荣、李喜英《约纳斯的责任概念辨析》，载《哲学动态》，2005 年第 12 期，第 45—51 页。

谴责虐待动物，但不是因为动物具有像人一样的道德资格或道德价值，而是为我们自己而忧心："对动物残忍的人在与别人打交道时也会特别狠心。"所以，约纳斯认为一切传统伦理学都是人类中心主义的伦理学，其共有的典型特征是，否认人是自然的一部分，否认自然是价值的基础，从根本上颠倒了人与自然的关系，违背了责任原理。

约纳斯坚信价值客观主义，认为自然与人一样是世界的组成部分，世界是一个整体性的意义关联的世界，自然和人一样都有独特的价值与尊严。所以，责任伦理不同于人类中心主义，责任伦理的要求是以对待人的态度对待自然。换言之，弥合人与自然的裂缝的方式不是贬低人、降低人的道德地位，而是把动物、植物、整个自然的道德地位抬高到与人一样的高度。这样，约纳斯把道德的基础、责任的基础从理性移至自然了，使人对自然具有了直接的责任。不只如此，约纳斯还认为人对自然的责任是人对人的责任的依据。

约纳斯的责任伦理对自然的重新理解实际是对技术、理性的反思。一方面，在现代社会，技术理性抽空了道德的自然根基。这样，在现代哲学里，不仅人与自然的关系发生了扭曲，而且认识的视野和道德的视野也分道扬镳了。就价值而言，不仅自然被知识"中性化"了，而且，人也被中性化了。另一方面，人对理性的坚信使人在自然面前无所忌惮，对自然表现出冷漠的态度。但是，自然在古代甚至中世纪的命运却不是这样。在古希腊，自然、宇宙是一个有机的整体，是一个有生命的他者。一方面，由于它是一种比人还要强大的神秘力量，所以，人尊崇它，对它充满敬畏；另一方面，由于自然哺育了人类并赋予人生命，所以，它也是伟大的母亲。到了中世纪，自然与人一样是造物主上帝的作品，具有与人一样的存在价值与尊严，与人一道构成了有秩序的整体世界。但是，自近代以来，自然被看作单纯的知识对象，被"自由"地支配、利用。也就是说，伴随着科学技术的发展，自然的地位经历了一个巨大的变化过程："从母亲发展为物质乃至材料"，由基础地位下降为有形物质、认识的对象、利用的对象与征服的对象。对自然的冷漠与对自然失去敬畏，必然会导致严重的后果。在自然方面，随着技术理性的阔步前进，生态危机出现了。在人类自身方面，随着自然在人心目中地位的下降，人本身的自然（人性）价值也随之急剧下跌，"奥斯威辛"集中营的自我灭绝事件的发生也就是迟早的事了。所以，从约纳斯责任伦理推出的一个要求就是恢复对自然的敬畏，进而对他人、他者保持敬畏。

与其他伦理相比，责任伦理具有他者思维、风险思维和境遇思维的特点。首先，责任伦理改变了以往伦理学探讨道德问题的方法，抛弃了以往伦理学中以“自我”为逻辑起点的思维，责任伦理确立了自我之外的他者，并以“他者”为责任伦理的逻辑起点。其次，与以往伦理的简单的道德思维相比，责任伦理是一种风险道德思维，它处理集体活动的应当性问题、判断无法预测的极其复杂的行为与不确定性结果间的联系、解决因缺乏科学确定性而引发的风险，以及因缺乏价值共识而引发的对抗性冲突。在此意义上，责任伦理是一种前瞻性思维，或者说是一种前瞻性义务。最后，以往的伦理是一种律法主义思维，它以某种经书为最终根据，并在经书中寻找规则或从经书中推导出人的行动规则。与此不同，责任伦理是一种境遇思维，它以道德决策为中心，以正当的行动为归宿，以具体的道德情景为道德决策的起点，从境遇出发解决人类生活面临的道德难题。这些特点使责任伦理突破了以往道德思维的局限，为解决当代人类社会所面临的道德难题包括转基因问题提供了具体指引[1]。

综上所述，责任伦理主张，人与自然是一个生命共同体，自然与人具有同等的价值与尊严，自然是道德的现实基础，人要对自然、他者充满敬畏，在行动时要有责任意识，不要让自然、他者对自己行动的不利后果承担责任。在转基因问题上，责任伦理的基本要求就是：首先，要有生命共同体的信念与人类命运共同体信念。其次，在进行转基因技术研发、运用、推广时要有对自然、对他人负责的意识，即在从事转基因相关活动时必须对自然、他人的反应作出回应。它的主体是地球上的每一个人，每一个国家、民族、团体，这是由转基因问题的全球性决定的。在此意义上，转基因责任伦理是全球责任伦理。

[1] 曹刚：《责任伦理：一种新的道德思维》，载《中国人民大学学报》，2013年第2期，第70—76页。

第二章　转基因语境下的权利

正义是人类的基本追求，在任何问题上都有它的影子，转基因问题亦然。转基因问题是一个全球性问题，解决它的基本价值诉求就是全球正义。全球正义有多种类型，从人类命运共同体与责任伦理出发，转基因问题应坚持权利全球正义论。

第一节　权利全球正义论与转基因全球正义

一、权利全球正义论

在开始讨论转基因全球正义之前，应该首先确立“全球正义”的概念。如果“全球正义”的概念不成立，那么，转基因全球正义就成了无源之水、无本之木，或者说转基因全球正义是一个伪命题、伪概念。事实上，关于“全球正义”概念，学界是有不同声音的。这些不同的声音主要来自三种不同立场。第一种是现实主义者的立场。他们认为，“权力关系支配着国与国之间的关系，在国际事务上没有什么道德可言”。第二种是社群主义者的立场，这种立场具有相对主义的特征。他们认为，“正义只是存在于各种社群内部，国际正义最多只是一种互相不干预的原则”。第三种是全球主义者的立场。他们认为，“在世界政府中国际正义是可以实现的，并拒绝承认国家是法律的源泉和不能化约的主体”[1]。

显然，现实主义者与社群主义者的立场在价值上都是错误的，也是不可

---

〔1〕 何包钢：《三种全球正义观：地方正义观对全球正义理论的批评》，载许纪霖主编：《全球正义与文明对话》，南京：江苏人民出版社2004年版，第69—70页。

接受的。现实主义者的立场在根本上就是“强权即公理”的翻版，就是柏拉图《理想国》中色拉叙马库斯的看法——正义是维护强者、统治者的利益在全球事务中的贯彻。这种立场没有看到人性的光辉，其所信奉的人类社会法则就是弱肉强食的社会丛林法则，结果是对全球正义要么采取虚无主义的立场，要么抱着悲观的态度。社群主义者的立场看到了不同社群（族群、民族、国家）的价值观差异，但过分强调不同社群（族群、民族、国家）的历史传统，强调自己地方价值观与传统的正当性，而没有看到当今时代全球性事务的存在、地球村的形成与人类命运共同体的出现。从逻辑上看，社群主义者肯定地方性的社群价值而否定人类命运共同体的价值是站不住脚的，它只会导致地方性社群本身的不存在。因为在社群主义者看来，不同社群的价值是不可通约的。如果社群主义者这个观点成立，那么，按照社群主义者的逻辑，社群的价值也无法形成与存在。因为我们在现实中都会观察到，在同一个社群内也存在着许多亚社群。全球主义者的看法有正确的地方，也有值得商榷的地方。首先，全球主义者看到了“全球正义”与“国际正义”不一样。“国际正义”概念指涉的主体是国家，往往把国家主权当作基本的事实和重要原则。“全球正义”概念指涉的主体除了国家外，还有非政府组织与个人。此概念注意到了在全球化的趋势下传统的国家主权观念受到了越来越多的挑战，因此强调国际政治经济基本秩序应考虑个人的权利。持此观点的激进者甚至主张“个人权利”应取代“国家主权”而成为国际政治经济基本秩序的规范基础。这方面的代表人物有托马斯·博格，他是因《正义论》而闻名的罗尔斯的学生。另外，“全球正义”概念还有关注具体事务的特征。多年来一直对哈贝马斯持“同情批判”的奎纳尔·希尔贝克，强调在论证全球普适的正义原则的时候要更关注具体实践和特殊语境。全球主义者认为全球正义是可以实现的，注意到全球化带来的冲击，强调国家之外的个人、国际非政府组织在全球正义中应扮演一定角色，这些看法都有一定道理与现实依据。但是，拒绝承认国家是法律的源泉和不能化约的主体这一点值得商榷，甚至主张用“个人权利”取代“国家主权”更是值得商榷的。民族国家、与之相联的国家主权是历史的产物，在历史上与当今全球事务中都发挥着重要作用，今天如果抛开国家而谈论全球正义显然是不现实的，全球正义的实现也是不可能的。

在人类命运共同体时代，我们当然坚持全球正义的立场，而且当然要对全球正义立场做一些修正。为了确定全球正义的价值内涵，下面我们接着探究“正义”的内容。

正义是一个古老的话题，也是人类社会的基本价值。但是，正义又是多面孔的，对何者正义、何者不正义，正义为何，正义适用的领域，谁之正义等问题，仁者见仁，智者见智。这是由人类生活的复杂多样性以及社会生活形态不断历史地变化而决定的，也是由人们看待正义的视角不同而造成的。横看成岭侧成峰，从不同的角度看，人们会看到正义的不同面孔，所以，正义显得纷繁复杂，让人捉摸不定。从正义的主体来看，有个人正义与社会正义（城邦正义）之别。历史上还曾有“神正”正义、宇宙正义或世界正义之分。个人正义是个人的一种品德。社会正义则是社会的一种特征、属性或状态。今天，人们对社会正义的理解是社会基本制度及其安排的正义。从正义适用的领域来看，有政治领域的正义、法律领域的正义、道德领域的正义、教育领域的正义、经济领域的正义，等等。从正义的类型来看，有实质正义、形式正式、程序正义等。从正义的渊源来看，有自然正义、神的正义、约定正义。从正义的状态看，有起跑线的正义、结果的正义（数量正义、和谐状态、最大幸福都是其表现）。总之，在这方面，人们还可依不同的标准对正义继续作出一些划分。

上面的分析还不能告诉我们什么是正义，对此我们可借鉴亚里士多德的方法，通过分析什么是不正义来认识什么是正义。我们发现，人们在提到正义时，大多数情况下将其与“应得”（desert）观念联系在一起。当人们的所得与“应得”不相称时，人们会觉得这是不正义的。沿此思路往下走，我们会发现，有时人们还质疑“应得”的根据、标准，认为这个根据、标准不正义。所以，人们在“应得”方面感觉受到了不公平、不正义时有两种情况：一种是在人们认可“应得”的根据、标准时，他们对正义的感受只是是否得到了“应得”的量。得其“应得”就是正义，所得小于其预期的“应得”就是不正义。另一种是在与他人的比较中感觉自己受到了不公平、不正义对待。比如，一个人与另一个人的所有情况都相同，但却受到了不同的对待。这种情形从逻辑上看又分两种情形，一是由于“应得”的根据、依据不同造成的，而且这种根据、依据的不同是明显的。同样是人，但是“刑不上大夫”，这就是“应得”的根据、依据不同。二是“应得”的根据、依据表面上相同，但在实际运用过程中“应得”的量出现了差异。在现代社会，两个平等的人，破坏规则者与不破坏规则者受到相同的对待（不追究违规者责任），或者在分配财物时一个多分一个少分。这时，守规则者、少分者就会感到不公平、不正义。这种情形表面上是“应得”量的差异的不正义，但根本上还是分配时所用“应得”的根据、依据不同。

从上面的分析我们可看出：第一，“应得”正义就是受公平对待，而且更多是从结果角度来思考正义。第二，从古至今，人们对何者为正义见仁见智，其根本分歧实际上是“应得”的根据、标准的分歧。纵观人类历史，人的能力、贡献、需要、德行、社会地位、受教育程度、宗教信仰、财产、肤色、性别、年龄、身高、权利，等等，都在正义的这个领域或那个领域担任过“应得”的根据。有时人们感觉到不公平、不正义，就是对“应得”的根据、标准产生了怀疑。比如，历史上人们争取选举权就是要求对“应得”——选民资格——的根据、标准进行重新确立。今天，人们往往通过“权利”来追求正义，不过，尽管人们都以“权利”为旗号，但他们所说的“权利”既有相同之处又有不同之处。相同之处在于，他们所说的“权利”都是以“应得”的根据、标准的面目出现的。不同之处在于，“权利”所指向的“应得”的根据、标准的具体内容不同，可以是上面所列的任何一个，也可以是上面所列之外的其他东西。

鉴于当今人们都以“权利”作为“应得”的根据、标准，我们也用“权利”作为“应得”的根据、标准。不过，我们的权利全球正义与以往的权利正义不同。首先，以往的权利正义论的基石是个人的基本权利，权利全球正义论中的权利不只是个人的基本权利，它还包括国家、公司等社会组织的基本权利。其次，权利全球正义中的“应得”根据、标准应该因正义适用的领域不同而不同。

关于不正义的另一个现象是，日常生活中人们对不正义的感受有时来自一些人对规则的破坏。柏拉图《理想国》中克法洛斯就说，正义就是言行都要诚实、要讲真话和偿还宿债，不讲真话、欠钱不还都是不正义的。这些看起来是些小事情，其实都是一些具体的行为规则。格劳孔则从另一个角度——守法的角度说，正义就是遵约守纪。可见，人们又把遵守规则视为正义。柏拉图本人的正义观——各尽己职而不僭越他人所职——也是遵守规则的正义。当亚里士多德将守法看作总体正义时，也是将遵守规则视为正义。纵观人类社会发展史，在等级社会的一些事务上，不同等级的人所遵守的规则并不同，只要不同等级的人遵守了各自等级的规则，人们就认为是正义的。随着社会的发展，当人们的平等意识觉醒之后，遵守规则的正义慢慢发展为所有人遵守同样的规则才是正义的。换言之，平等观念已进入了正义观念。此时，正义就等于平等。但是，人们又会发现，在一些事物上，所有的人遵守同样的规则不一定是正义的。这就是马克思所说的——用同一把尺子衡量不同的人是不正义的。从“遵守规则的正义”的演变得出的结论是，规则实际上是对“应得”根据、依据的规则化。而“应得”总是与某物的分配联系在一起，所以，分配才是正义问题的基础。从正义分配的对象来看，有财富、荣誉、自由、机会、权利、义务、责任、惩罚，等等。根据上文对“应得”的根据、标准的分析，在分配这些物时，“应得”的根据、标准的确立才是正义的关键。

明白了正义的基本面目后，我们再来理解全球正义的价值旨趣。全球正义的思想来源是西方的世界主义。世界主义的思想基石是：“每个人、不管他具有什么公民身份，属于什么国家或民族，在道德上他都应当得到平等的关注，并充分享有作为人的基本尊严。”[1]这就是说，它的“应得”根据、标准是“权利”。从词源学上来看，“世界主义”（cosmopolitanism）是由“cosmos”（宇宙）和“polites”（公民）两个词根构成的，其字面含义是“世界公民”。这两个词根都来自古希腊。其中，polites 意思为“公民、自由人；同一城邦的公民、同邦人、同胞”[2]。cosmos 为 Kosmos，意思是“有完善安排的世界，宇宙、乾坤”[3]，“有秩序而协调的整体的世界”。这个词至少有三个方面的内容：秩序、和谐、整体。这说明在古希腊人的观念里宇宙是一个包括人、自然、万事万物等存在的有序整体。从观念的发展来看，世界主义观念早在古希腊时就已出现，并在斯多葛学派那里得到了明确阐述。在古代世界中，世界主义者通常是指这样一些人，他们理解并尊重异域文化、四处旅行并能够与各国人民友好交往。今天的全球主义在学理上有伦理的世界主义、法律的世界主义、社会正义的世界主义，等等。其中，社会正义的世界主义者又可称为全球正义论者。

当前，关于全球正义的问题，理论界关注的一个焦点是全球的饥饿、营养不良、贫穷、财富分配不公等问题。我们以此为例进一步了解全球正义的理论。对于全球性贫困，人们逐渐认识到，这不仅仅是一个人道主义关怀的问题，从根本上说它是一个正义问题。依据全球正义主义的基本“应得”根据、标准，原因有二：第一，“财富和收入上的严重不平等让某些人觉得

---

〔1〕徐向东编：《全球正义》，杭州：浙江大学出版社2011年版，第23页。
〔2〕罗念生、水建馥编：《古希腊汉语词典》，北京：商务印书馆2004年版，第700页。
〔3〕罗念生、水建馥编：《古希腊汉语词典》，北京：商务印书馆2004年版，第476页。

‘低人一等’，并为他们不得不忍受的那种生活感到羞愧，从而严重地削弱了他们作为人的尊严和自尊，也严重地削弱了他们应具有的独立的能动性”[1]。第二，财富和收入上的不平等会严重影响人们对社会资源的控制和利用，这进而不仅剥夺了贫穷者赖以生存的基本手段，也削弱了他们的自由，造成了严重不公正的社会状况[2]。

对造成这种全球分配不公的原因与解决之道，人们有不同的看法。以公平的正义理论闻名于世的罗尔斯认为，一个国家是富裕、繁荣和发展，还是贫困、腐败和落后，其主要原因都在于自身，即由国内的因素造成的。因此，就某些国家的严重贫困而言，发达国家或富裕国家的责任充其量不过是一种“援助的责任”[3]。如果一个国家的发展和繁荣主要由其国内因素，例如政治制度、经济制度和法律制度等因素来决定，那么，富裕国家对其的援助就不是缓解或消除贫穷国家的贫困，而是通过援助来改进贫穷国家的经济基础和经济体制。因此，罗尔斯认为，富裕国家没有把资源或财富重新分配给贫穷国家的义务。另一种意见认为，世界范围内的严重不平等和贫困主要是由目前的全球秩序造成的，因此，参与施加这个秩序的国家不仅有对全球的贫困者进行补偿的责任，而且也有停止施加这个秩序，建立一个对全球贫困者更加公平的世界秩序的义务[4]。这两种观点都有一定道理，但都有片面性。目前，全球的严重不平等既是各个国家国内因素的结果，也是不公平的全球秩序的结果。不承认国内因素是不符合实际的，一个国家的经济制度、政治制度、法律制度、地理位置、自然资源、科学技术发展水平都影响着一个国家的富裕程度与国内社会财富分配状况。但是，也必须承认，当前的全球贫困是由当前的全球秩序造成的，这种秩序是由一系列极其复杂的协议和条约决定的，涉及国际贸易、国际投资、知识产权、税收、环境保护、劳务标准、海底资源使用，等等。比如，贫穷国家的产品很难进入发达国家的市场，而发达国家的技术密集型的高附加值产品却以高昂的价格在欠发达国家的市场上畅行无阻。所以，我们说，全球贫困问题的解决既要着眼于改变国内因素，也要着眼于改变目前不合理的全球秩序。而且，不管哪方面的

---

〔1〕 徐向东编：《全球正义》，杭州：浙江大学出版社 2011 年版，第 14 页。

〔2〕 徐向东编：《全球正义》，杭州：浙江大学出版社 2011 年版，第 15 页。

〔3〕 John Rawls，*The Law of Peoples*，Harved University Press，Cambridge：1999，pp. 37-38，pp. 106-120.

〔4〕 徐向东编：《全球正义》，杭州：浙江大学出版社 2011 年版，第 23 页。

改变都离不开包括各个国家在内的全世界人民的共同努力。

从全球正义的价值取向来看，不只全球贫困才是全球正义的关注点，生态环境、恐怖主义、毒品、转基因等问题也应该是全球正义的关注点。在这些问题中，转基因问题作为一个问题集，尤其应是全球正义的关注点。

二、转基因全球正义

第一，转基因全球正义的世界观是，人与自然是一个生命共同体，人与自然是一个有机整体。在价值领域里，人与自然具有同等的道德地位，不能因为人具有理性而优越于自然，相反，由于人具有理性，人反而对他人、动物、植物、微生物、自然整体负有更大的责任。这一点与中国古老的智慧“天生人成”相近。

由于人具有理性，但是又不具有完全理性，所以，人类对转基因知识的掌握永远在路上，即总有相当程度的局限性。人类在从事转基因活动时，有时虽然可以预见转基因活动可能造成某方面的损害或者这种损害已经发生，但对造成危害的原因却不能确定，或者虽有合理的怀疑但缺少明确的科学理论证据。在这种情形下，如果等到严重或不可逆转的损害结果得到科学确证再采取措施，那么，有可能出现的情形是人类已无机会采取有效的措施——因为人类已经灭亡或整个自然已经毁灭。转基因技术的发展、运用最可能发生这种情形。人借助现有的转基因技术在充当创造世界的“上帝”，谁知道人这个“上帝”会创造出一个什么世界！而且，从现有的科学研究来看，有些转基因食品现在是安全的，但是，这只是表明它给人体健康所带来的短期的、直接的危害并不明显，至于长期累积的间接效应，还没有经验的证明。因此，转基因食品对人类健康的蓄积效应是一个悬而未决的问题。面对太多的科学不确定性，人类逐渐认识到需要超越对科学确定性的依赖，必须发展出一种新的理念来处理这种不确定性导致的风险，即风险预防的理念。这种新的理念表面看来是对科学技术的不确定性后果的应对，实际上是对人与自然关系的一种崭新理解。

虽然风险预防理念是一种新的世界观，但在现实中是实实在在的行动。“风险预防原则”（precautionary principle），是指转基因技术相关活动有可能对人体健康构成危害或者有可能对生态环境造成严重的、不可逆转的危害时，即使科学上没有确实的证据证明该危害必然发生，也应采取必要预防措施。这一原则现在已成为人类从事转基因活动的行动指南，是《卡塔赫纳生物安全议定书》的一项基本原则。人们对这一原则的认识也有一个过程。这个过程就体现在它的两个主要根据上。第一个根据是 1982 年的联合国《世界自然宪章》。《世界自然宪章》要求控制那些可能影响大自然的活动，并应采用那些能最低程度地对大自然构成重大危险或其他不利影响的人类最优良技术；而且，"在进行可能对大自然构成重大危险的活动之前应先彻底调查；这种活动的倡议者必须证明预期的益处超过大自然可能受到的损害；如果不能完全了解可能造成的不利影响，活动即不得进行"。这些要求确立了通过技术手段防范不可预测风险的准则和人类活动不得对自然造成其不可承受的损害的准则。第二个根据是 1992 年联合国《关于环境与发展的里约宣言》。此宣言第十五条写道："为保护环境，缔约国应根据其能力广泛地采取预防手段，当出现严重或不可逆转的损害时，不应因缺乏充分的科学定论而推迟有效的手段来防止环境退化。"这一原则明确提出了即使没有科学定论，为了防止出现重大环境危害，各国有权利也有义务采取广泛的预防措施。

第二，全球合作是转基因全球正义的前提。实现正义的前提是各方的合作，如果没有合作，任何目标都不可能实现，正义与否的问题也就不存在了。事实上，人类社会自进入世界历史阶段，合作就成为人类生活的主要方式，因此，国际合作自然成为处理国际事务的一项基本原则。今天，从人类命运共同体的立场出发，全球正义更应坚持合作原则，形成利益共享、互利互赢的局面。所谓合作就是在遇到国际问题、国际纠纷时，当事各方、全球所有成员应当采取合作而非对抗的或不合作的方式协调一致行动。国际合作作为一项国际原则，由来已久。1945 年《联合国宪章》第 1（3）条规定了联合国的宗旨："促成国际合作，以解决国际间属于经济、社会、文化及人类福利性质之国际问题。"1970 年联合国大会通过的《关于各国依联合国宪章建立友好关系及合作之国际法原则之宣言》（即《国际法原则宣言》）再次重申了 1945 年《联合国宪章》的精神。1974 年的《各国经济权利义务宪章》再次重申合作原则，并把"国际合作以谋发展"规定为所有国家的"一致目标和共同义务"。随着环境问题的凸现，合作原则也走进了国际环境保护领域。1972 年《人类环境宣言》，1982 年的《世界自然宪章》《内罗毕宣言》，以及此后的各国际条约都强调"国际合作"在环境保护中的重要作用。与转基因问题相关的一系列国际条约同样强调这一原则。有些条约对合作的具体事项、方式等作出了具体的规定。《生物安全议定书》对信息交流、技术支持、财政援助、能力建设和风险抵御诸方面作出了合作的具体要求。这些国际合作原则提出了全球正义的问题，也产生了合作是否是正义的合作的问题。但是，这些合作都是国家间的合作，并不是我们所说的全球正义中的全部合作。全球正义视域中的合作还包括：人与自然的合作，这是由全球正义的世界观决定的；代际间的合作，因为虽然人是一个类的存在，但此"类"是发展的、具体的，是由不同"代"构成的。

第三，万物平等地享有权利、民主决策是转基因全球正义的出发点。生命共同体与人类命运共同体的观念决定了在转基因全球正义视域中，不管是人类还是自然，不管是西方国家还是东方国家，不管是发达国家还是欠发达国家，不管是消费者还是农户、公众、国家等，它们的道德地位都是平等的，都应该得到平等的道德关注。这是它们的权利。在此意义上讲，转基因全球正义是一种权利正义。需要特别指出的是，这里的万物包括各生命物的基因，尽管不同生命个体的基因存在着差异，但这种物质方面的差异不应构成不同个体道德地位不平等的根据，就像人的身高、容貌存在差异，但身高、容貌不应构成人在法律面前不平等的根据一样。

权利正义论必然要求在处理转基因问题时坚持平等的民主原则。1972 年《人类环境宣言》原则 24 规定："关于保护和改善环境的国际问题，应由所有国家，无论大小，在平等的基础上，以合作的精神进行处理，为有效地限制、预防、减少和消除在任何领域进行的活动所造成的环境损害，必须通过多边或双边协定或其他适当的方式进行合作，同时尊重所有主权国家的主权和利益。"今天，这一理念也得到了中国人民的认可、拥护与推进。"我们将秉持共商共建共享的全球治理观，积极参与全球治理体系改革和建设。坚定维护以《联合国宪章》宗旨和原则为核心的国际秩序和国际体系，推进国际关系民主化，支持扩大发展中国家在国际事务中的代表性和发言权。建设性参与国际和地区热点问题的解决进程，积极应对各类全球性挑战，维护国际和地区和平稳定。积极促进国际贸易和投资自由化便利化，反对一切形式的保护主义。中国将继续发挥负责任大国作用，不断为完善全球治理贡献中国智慧和力量。"[1]

---

[1] 杨洁篪：《推动构建人类命运共同体》，《党的十九大报告辅导读本》，北京：人民出版社 2017 年，第 89—99 页。

第四，和谐共生、利益共享是转基因全球正义的基本价值诉求。利益共享是人类在合作过程中总结出的智慧。联合国教科文组织发布的《世界人类基因组与人权宣言》第18条指出："各国应努力贯彻宣言中提出的原则，继续在国际上传播有关人类基因组、人类差异性和遗传学方面的知识，促进各国间的科学和文化合作，尤其是发达国家与发展中国家间的交流。"第19条提出，发达国家在与发展中国家进行合作时应积极遵循以下原则："评价人类基因组研究的危险性和益处，并防止滥用；使发展中国家具有研究人类生物学和遗传学的能力，具有对其特殊问题的认识能力；使发展中国家从科学技术的研究中受益，从而推动国家经济和社会的进步；促进科学知识与生物学、遗传学和医学领域信息的自由交流。"这些规定都体现了转基因全球正义中的平等互利、利益共享的价值诉求[1]。除了这种人际间、国家间的利益共享外，转基因全球正义还包括人与自然的和谐共生与互利双赢，人从自然的繁荣中获益，自然从人对其的尊重中获得可持续发展。

第五，共同但有区别的公平责任原则是转基因全球正义的基本责任原则。目前，转基因作物、转基因食品的商业化的利益获得者主要是一些转基因技术的科学家、大的跨国公司，而对生态环境的危害、对人体健康的风险则由广大公众来承担，这就是转基因作物、转基因食品的各种收益和风险、权利和责任的分配不公的体现[2]。在转基因问题上，全球正义坚持共同但有区别的公平责任原则。

共同但有区别的公平责任原则，又称公平原则或共同责任原则，最早来自国际环境保护领域。众所周知，环境问题是一个全球性的问题，但其在不同国家和地区的发展与表现是不同的，即从全球角度来看，全球环境问题的发展具有不平衡性。这是狭义上的不平衡。从广义上来看，环境问题还包括环境的恢复与保护，由于各个国家的科学技术发展水平、经济发展水平不同，因此，治理环境的能力也呈现了不平衡性。基于此，《人类环境宣言》将环境问题区分为发达国家发展过度的环境问题和发展中国家发展不足的环境问题。1992年联合国环境与发展大会进一步提出发展中国家与发达国家在全球环境问题上应承担不同的责任，正式明确确立了共同但有区别的责任原

---

[1] 许文涛、黄昆仑主编：《转基因食品社会文化伦理透视》，北京：中国物资出版社2010年版，第157页。

[2] 许文涛、黄昆仑主编：《转基因食品社会文化伦理透视》，北京：中国物资出版社2010年版，第156页。

则[1]。1997 年的《京都议定书》坚持了这一原则。《巴黎协定》继续坚持了这一原则。这一原则不只存在于应对全球气候变化的公约中，它已为其他领域的国际文件所确认，例如，《生物多样化公约》《防止荒漠化公约》等。

今天的转基因问题不仅涉及生物多样性问题，还涉及其他全球性问题，因此，可以而且也应该适用这一责任原则。共同责任来源于人类的共同利益，其要求：各国必须摒弃狭隘的国家或民族利益观念，不分民族、国家大小，经济、科技发展水平，都必须承担一定的共同责任；协力合作，依靠国际社会的整体力量来保护、改善全球环境。有区别的责任是指，虽然各国都负有共同责任，但不同国家所承担的责任不是同等的，即共同责任不意味着责任的平均主义。由于发达国家与发展中国家的经济实力、科技实力、环境保护能力，加之历史上对环境退化的影响等存在着差异，因此，各国在承担共同责任时应有所区别。但是，有区别的责任并不是说一些国家可以不承担任何责任。

需要指出的是，应对气候变化公约中的“有区别”原则要求发达国家承担更多的责任，理由之一是“发达国家在数百年的发展过程中，引起了全球环境的恶化，是全球环境恶化的主要责任者”[2]。从朴素的正义观来看，“罪罚相当”是正义的，但放在人类命运共同体视野中，这种正义观是值得商榷的。全球正义观从人类命运共同体的立场出发，虽然也强调有区别的责任原则，但其依据是“能力与责任相匹配”。《巴黎协定》在这方面的做法值得我们借鉴。它坚持协议各方承担共同但有区别的责任原则，但同时强调，各方应根据各自的国情和能力自主行动。

第二节 转基因语境下农户、消费者、公众的基本权利

转基因全球正义是一种新型的权利正义，在转基因语境下农户、消费者、公众、国家等都有哪些权利，这是转基因全球正义必须回答的一个问题。

---

〔1〕 高晓露：《转基因生物越境转移事先知情同意制度研究》，北京：法律出版社 2010 年版，第 60 页。

〔2〕 朱文奇：《现代国际法》，北京：商务印书馆 2013 年版，第 328 页。

一、转基因语境下农户的基本权利

农业生产的现代化，大大降低了生产、管理的成本，提高了生产效率，使农民从繁重而低效的传统农业生产中解放出来。今天，转基因技术的进步给这种发展进一步提供了强大的技术保证，但是，转基因技术的运用也侵蚀着农户的一些权利，直接影响着农户的生存与发展。农户的权利有很多，比如农业经营权、农产品所有权、农产品销售权、种子权（育种权、选种权、留种权），等等。这些权利都是由人的基本权利——生存权、发展权、劳动权或工作权等——派生出来的权利。在市场化分工明确的今天，这些权利对农户而言更为重要。这些权利的丧失意味着农户的生存与发展受到威胁，丧失一项权利就丧失一个生存与发展的手段，丧失一个生存与发展的机会。所以，从权利正义的角度来看，这些权利受到侵犯就是受到了不公正对待，侵犯这些权利就是实施不正义。

在不考虑转基因生物有可能造成的生态风险的情况下，随着转基因农业的推进，农户被迫种植转基因农作物。这冲击着农户的工作权。被迫选择种植转基因农作物的压力主要来自以下几个方面。相比于传统的品种，转基因种子在农业生产中具有许多优势。这种优势在前文中多有述及。转基因作物的优势无形中增加了农户生产的竞争压力。如果农户不选择这种转基因品种，在生产经营竞争中就会处于劣势，严重时甚至会破产。因此，为了避免眼前的竞争劣势，分散的、单个的农户不得不选择转基因品种。农户被迫种植转基因农作物的另一个压力来自消费者。转基因产品往往根据消费者的喜好而设计出新的性状，如更好的口感、更多的瘦肉等。在消费者消费转基因产品成为习惯后，农民只能被迫种植转基因作物。这样下去，种子市场就会成为转基因种子的天下，传统的种子、品种就会从种子市场消失。这种现象可以用现在流行的一句话来描述，“我消灭你，但与你无关”。当然，有人可能会说这是科学技术进步的趋势，是历史发展的趋势。这种说法值得商榷。且不说转基因农业是不是代表着历史发展的趋势，姑且假定转基因农业就是历史发展的趋势，这种科学技术发展、历史发展的不利后果由这些农户来承担是不是正义？如果说是正义的，那么，这无异于说历史上将一些人变为奴隶是正义的，历史上的包身工是正义的。如果说由农户来承担转基因种植的后果是不正义的，那么，农户的生存权又如何得到保障。

转基因作物还会以另一种方式剥夺农户的工作权。比如，传统咖啡豆的成熟时间参差不齐，所以，它的采摘不能采用现代化收割的方式，而需要采用大量人工采摘的方式。目前，世界上 70% 的咖啡豆都是靠人工采摘的，大批劳动力以采摘咖啡豆为生。但是，随着咖啡豆同步成熟的转基因咖啡树的成功研制与推广，这些以采摘为生的劳动力的工作、生存就受到了直接影响。这种情形在非洲表现得更明显〔1〕。

转基因作物还冲击着农户的留种权。转基因种子的生产者、供给者往往会采取各种方法来“封杀”传统的种子。比如，夸大宣传转基因种子在某些方面的优良特性，给贫穷的农民种子信贷以吸引他们种植转基因种子〔2〕。即使农民反对转基因，这些生产者、供给者也不甘心，还是要继续为转基因种子的推广想尽各种办法。在印度，“由于农民们都对基因改良农作物避而远之，他们日益成为大型的目标。在一个类似的广告中，*Indraya Velaanmai* 月刊用整个版面的篇幅刊登了一篇以‘Bt 棉农的真实故事’为题的广告，在广告中，一位农民站在拖拉机前面，而读者被告知，这个农民使用了基因改良种子，因而能够买得起这台拖拉机。事实上，这个农民在拍这张照片时被告知，他要站在这台拖拉机前面，因为他借了银行贷款才买了这台拖拉机，如果他站到拖拉机前面拍下这张照片，他就有获得免费到孟买旅游的机会。”〔3〕

转基因农业还以另一种可怕的方式剥夺农户的留种权，就是维护转基因种子专利权。这种专利权往往由转基因种子公司（现代生物科技公司）持有。我们通过一个案例来看转基因种子是如何剥夺农户留种权的。1998 年，在加拿大注册的美国生物技术公司孟山都公司私自雇用调查人员在加拿大萨斯喀彻温省农民 Percy Schmeiser 的田地和收割物里采集样品，发现 Schmeiser 在没有得到任何许可的情况下种植了孟山都公司的抗除草剂转基因油菜，遂对 Schmeiser 提起了侵权诉讼。加拿大高等法院最终以 5:4 的表决结果判孟山都公司胜诉。此案的争议焦点之一是 Schmeiser 是如何获得转基因油菜种子的。尽管没有证据表明是他盗窃的，但是，有事实证明他有意收集了这种具有抗除草剂基因的油菜的种子。1997 年，Schmeiser 给作物喷洒除草剂后发

---

〔1〕 沈孝宙编：《转基因之争》，北京：化学工业出版社 2008 年版，第 105—106 页。

〔2〕 王明远：《转基因生物安全法研究》，北京：北京大学出版社 2010 年版，第 32 页。

〔3〕 ［英］拉吉·帕特尔：《粮食战争》，郭国玺、程剑峰译，北京：东方出版社 2008 年版，第 96 页。

现他所种的部分油菜具有抗除草剂的特性。这些抗除草剂特性油菜有可能是孟山都的转基因油菜花粉经由风力或水力传播到 Schmeiser 的田地上，发生了交互授粉，或者是转基因油菜种子从运送货车上掉落到 Schmeiser 的田地上。而这些 Schmeiser 都不知情。从自己种植的植物、养殖的动物中挑选优良后代作为种子是千百年来农民的习惯做法。对所留的种子，既可自己使用，也可有偿或无偿转让。这就是农民的留种权。这种权利在理论上的概括就是“指农民对动植物品种所享有的权利，特别是留种自用的权利。这种权利源于过去、现在和将来的农民在保存、改良和提供动植物遗传资源（尤其是那些集中体现物种起源与多样性的遗传资源）过程中所做的贡献”〔1〕。农民的留种权是在千百年的农业实践中形成的，是一种习惯权利。Schmeiser 只是按照习惯的做法留种、种植。所以，从留种权的角度来看，Schmeiser 的所作所为并无不妥。但是，孟山都却以侵犯知识产权为由提起诉讼并且胜诉。在此案件中，Schmeiser 在不知情的情况下留种侵犯了孟山都的专利权。如果 Schmeiser 种植了具有知识产权的转基因作物，那么，依据知识产权相关制度，他是不能留种的。所以，在现有制度下，转基因作物实际上剥夺了农民的留种权。农民如果要想种植转基因作物，必须购买转基因种子。这无疑增加了农民的生产经营成本。

就像软件行业为了防止盗版而开发了“防止复制”功能（copy protection）一样，为了防止农户在种植转基因作物后私自留种，生物技术公司开发出了基因利用限制技术。基因利用限制技术有两种基本形式：一种是品种水平上的基因利用限制技术。这项技术叫终止子技术，是由美国的 Dela and Pine Land 种子公司和美国联邦政府农业部联合申请、美国专利局于 1998 年 3 月批准的一项专利。终止子技术，通过一系列基因修改技术修改所售转基因种子的基因，使种植转基因种子收获的新种子不会发芽，成为不育种子而不可用于播种。这种限制是对作物品种水平的限制。品种水平限制技术使农户完全失去了留种的机会，彻底剥夺了农户的留种权。终止子技术一经问世便受到了社会各界的谴责。另一种是“特性水平上的基因利用限制技术（背叛者技术），指将某种基因插入作物中，该基因直至作物被施用一种由生物技术公司销售的化学物质才会发挥作用。农场主们不向种子专利持有者购买化

〔1〕 王明远：《转基因生物安全法研究》，北京：北京大学出版社 2010 年版，第 90 页。

学诱导剂，就不能够使作物被‘转基因’增强的特性发生效用”[1]。表面上，背叛者技术没有剥夺农户的留种权，实质上还是存在着剥夺。这就是前文所说的转基因种子对传统种子的“封杀”、挤压。

转基因作物剥夺农户的留种权不是由技术本身造成的，而是由现代社会的相关制度造成的。这个制度就是知识产权制度。研发新技术、新产品要付出巨大成本，承担巨大的失败风险，因此，为了激励和保障科技创新活动，很有必要设立专利制度，依法确认和保护专利权利人对专利技术及产品享有一定期限的垄断权，以使专利权利人借助此垄断权收回研发成本并获得风险投资收益。但是，一项权利不能以影响或损害他人的权利、公共利益为前提。否则，这项权利就是变相的“剥削”。

我国国务院颁布的《中华人民共和国植物新品种保护条例》第六条规定：“完成育种的单位或者个人对其授权品种，享有排他的独占权。任何单位或者个人未经品种权所有人（以下称品种权人）许可，不得为商业目的生产或者销售该授权品种的繁殖材料，不得为商业目的将该授权品种的繁殖材料重复使用于生产另一品种的繁殖材料。”根据我国农业部制定的《中华人民共和国植物新品种保护条例实施细则》（2011 年修订版）第十八条、第三十条规定，授权品种应当包括利用转基因技术获得的植物品种。由此可推知，授权转基因品种权人享有排他的独占权。但是，我国的《植物新品种保护条例》并没有将此权利设定为绝对的，而是加了“但书”条款：“但是，本条例另有规定的除外。”这里的“另有规定”是指《植物新品种保护条例》第十条的规定。此条规定：“在下列情况下使用授权品种的，可以不经品种权人许可，不向其支付使用费，但是不得侵犯品种权人依照本条例享有的其他权利：（一）利用授权品种进行育种及其他科研活动；（二）农民自繁自用授权品种的繁殖材料。”这说明，我国肯定了农民的留种权，即使自繁自用授权转基因品种也是无偿的。

那么，我国是否允许授权转基因品种使用基因利用限制技术？我国法律没有明确规定。《植物新品种保护条例》虽然规定农民可以留种，但这是以转基因品种可以留种为前提的。如果授权转基因品种使用了基因利用限制技术，农民无法根据《植物新品种保护条例》来维护自己的留种权。因此，如果要维护农民的留种权，法律应该明确规定限制使用基因限制技术。

---

[1] 柴卫东：《生化超限战》，北京：中国发展出版社 2011 年版，第 68 页。

二、转基因语境下消费者的基本权利

由于转基因产品有着庞大的潜在市场与可观的巨大商业利润，所以，当今世界上许多国家和地区、企业争先恐后地开发、推广转基因生物及产品。据我国农业农村部披露，到2015年全球种植转基因作物的国家已经增加到29个，年种植面积超过27亿亩。我国批准种植的转基因作物只有棉花和番木瓜，2015年转基因棉花推广种植5000万亩，番木瓜种植15万亩[1]。到2018年年底，我国批准种植的转基因作物种类没有发生变化，但种植面积有所下降。

对转基因产品的安全性，尤其是转基因食品的安全性[2]，目前生物科技公司、多数转基因研究人员、一些政府机构、国际机构持乐观、积极的态度，但是，社会公众，尤其是消费者则对转基因食品的安全性疑虑重重。

笼统地说转基因食品是安全的或不安全的，都是不正确的。在现有的知识水平下，我们已知有些转基因食品是不安全的。比如，美国阿凡迪斯（Aventis）公司研制的“星联”（Starlink）玉米，就会引起一些人出现皮疹、腹泻、呼吸系统过敏反应，而且还有潜伏效应[3]。对于大多数转基因食品，我们并不能确定它们是不安全的。有些转基因食品至今未发现对人体有什么不利影响或能引起人的不良反应。不过，未发现不利影响或目前未引起人体的不良反应并不等于这些食品就是安全的。它或许是安全的，或许就是不安全的。相比于传统食品，转基因食品被人类食用的历史还非常短，有些转基因食品甚至是刚开发出来，或许这些不利影响还处于潜伏期。至于它是“黑天鹅”还是“灰犀牛”，我们亦无从知晓。

对于转基因问题而言，其复杂性恰恰在于，一方面，由于其安全性的不确定，我们不能停止发展转基因食品。另一方面，消费者对转基因食品态度并不一致。有的消费者担忧其安全性，有的消费者则愿意接受。欧洲消费者与美国消费者对转基因食品的态度就不一样。为了解决安全

---

〔1〕中华网：《农业部：我国批准种植的转基因作物只有棉花和番木瓜》，http：//news. china. com/domestic/945/20160413/22424230. html，最后访问时间：2017年12月20日。

〔2〕由于我们主要讨论转基因对消费者的影响，所以，在本部分我们以转基因食品为主要讨论对象。

〔3〕许文涛、黄昆仑主编：《转基因食品社会文化伦理透视》，北京：中国物资出版社2010年版，第290页。

不确定性风险与消费者需求、技术发展之间的矛盾，最佳的办法就是由消费者自主决定是否食用转基因食品。

消费者自主决定体现了转基因问题的正义原则。从生产者、经营者与消费者的关系来看，给消费者提供安全的商品或服务是生产者、经营者的义务。这是现代社会对生产经营者的基本要求，也是消费者的基本权益。例如，我国《消费者权益保护法》第十八条规定："经营者应当保证其提供的商品或者服务符合保障人身、财产安全的要求。对可能危及人身、财产安全的商品和服务，应当向消费者作出真实的说明和明确的警示，并说明和标明正确使用商品或者接受服务的方法以及防止危害发生的方法。"但是，人类对转基因食品的安全性尚不确定，要求经营者保证其提供的转基因食品是安全的，显然不公正。从公正的角度出发，这种不确定性风险只能由自愿选择转基因食品的消费者来承担。

既然由自愿选择转基因产品的消费者来承担风险，那么，消费者就应该享有知情权与选择权。就像经营者有提供安全的商品与服务的义务一样，消费者对所购买的商品、服务具有知情权是现代社会消费者的一项基本权利。例如，我国《消费者权益保护法》第八条规定："消费者享有知悉其购买、使用的商品或者接受的服务的真实情况的权利。"对这种知情权的具体内容，第八条也作了规定："消费者有权根据商品或者服务的不同情况，要求经营者提供商品的价格、产地、生产者、用途、性能、规格、等级、主要成分、生产日期、有效期限、检验合格证明、使用方法说明书、售后服务，或者服务的内容、规格、费用等有关情况。"同时，第二十条还规定经营者的义务："经营者向消费者提供有关商品或者服务的质量、性能、用途、有效期限等信息，应当真实、全面，不得作虚假或者引人误解的宣传。经营者对消费者就其提供的商品或者服务的质量和使用方法等问题提出的询问，应当作出真实、明确的答复。"不过，这种意义上的消费者知情权与转基因语境下消费者的知情权略有不同。一般而言，知情权的着眼点是保证公平交易与消费者的人身、财产安全，像我国《消费者权益保护法》第七条规定，"消费者在购买、使用商品和接受服务时享有人身、财产安全不受损害的权利"。转基因语境下知情权的着眼点不在于保证消费者的人身、财产安全，而在于由消费者自己决定是否愿意承担消费转基因食品可能带来的不利后果。

转基因语境下消费者知情权的另一个现实依据是消费者的饮食文化。世界卫生组织在2005年的一篇报告中指出："在世界各地，人们的食物是文化同一性和社会生活的组成部分，对人们具有宗教意义。”[1]消费者可能会由于宗教信仰不食用某种食物或含有某种食材的食物，由于生活习惯喜欢某种食物或不喜欢某种食物。这种意义上的知情权与以往所说的消费者知情权在本质上没有区别。

为了保障消费者的知情权，经营者应当对转基因食品进行标识。目前绝大多数国家和地区都采纳了标识制度，但不同国家、地区对标识制度的具体规定存在着差异。

首先，不同国家、地区对转基因食品的定义不同，甚至差异很大。什么样的食品属于转基因食品，各国的法律规定不一样。欧盟的规定是，如果某种食品是以转基因生物或其成分为原料制造的，那么，即使该食品在加工生产之后已不再含有任何转基因成分，仍然属于转基因食品。美国的规定是，在进行转基因食品标识时，如果食品中转基因成分的含量低于5%，那么可以加贴“非转基因食品”标签[2]。换言之，美国对转基因食品的定义是以最终食品中转基因成分含量为标准的。我国《食品安全法》（2015年修订版）虽然在第六十九条规定“生产经营转基因食品应当按照规定显著标示”，但并没有对“转基因食品”作出法律界定。我国卫生部颁布的2002年1月1日起施行、2007年12月30日废止的《转基因食品卫生管理办法》第二条曾规定，转基因食品是指利用通过基因工程技术改变基因组构成的动物、植物、微生物生产食品或食品添加剂。我国的这项规定比较笼统，没有明确是以生产过程为标准还是以产品的成分为标准，所以弹性比较大。

其次，有的国家采取强制标签制度，有的国家则采取自愿标签制度。采取什么样的标签制度受当地消费者对转基因食品安全的风险评估，饮食文化以及本国的法律文化传统的影响。当前欧盟采取强制标签制度，美国采取自愿标签制度。但是，从调查结果来看，在美国，“越来越多的消费者支持对转基因食品进行标识，在加利福尼亚州、明尼苏达州、内布拉斯加州、佛蒙特州和威斯康星州都曾试图进行强制性标签立法，但最终都未能通过”[3]。关于美国的另一个情况是，“现在有90%—95%的消费者希望基因改良食品

---

〔1〕 转自沈孝宙编：《转基因之争》，北京：化学工业出版社2008年版，第104页。
〔2〕 王明远：《转基因生物安全法研究》，北京：北京大学出版社2010年版，第5页。
〔3〕 陈亚芸：《转基因食品的国际法律冲突及协调研究》，北京：法律出版社2015年版，第72页。

上贴有基因改良的标签，而食品业正在用尽一切办法阻止这种情况的发生”[1]。换言之，在美国，消费者吃了很多转基因食品却不知情。这是对消费者知情权的严重侵犯。

此外，有的国家采取正向标签制度，即明示食品中含有转基因成分。有的国家则采取反向标签制度，即明示食品中不含有转基因成分，生产加工过程中没有转基因材料，没有运用转基因技术等。我国实行强制标签制度、正向标签制度。这一点在我国《食品安全法》第六十九条已有明确规定。这一规定是符合转基因食品正义原则的。

以上是从法律层面分析转基因语境下的消费者权利的，这一话题还应从社会层面来进行讨论。从正义角度来看，消费者应自主决定是否承担转基因食品可能带来的不利后果，即消费者对转基因食品有选择决定权，他可选择承担，即接受转基因食品，也可选择不承担，即不接受转基因食品。但是，在供给决定需要的时代，消费者的这一权利在实现时却可能受阻。举个例子。理论上，消费者可以根据自己的喜好购买自己想要的黑牛津苹果，但是，超市里的苹果品种只有红富士、澳洲青苹果等，根本没有黑牛津苹果。这时，我们能说消费者有选择权吗？同理，当消费者选择不接受转基因食品时，他发现超市里全是转基因食品，最后不得不购买转基因食品。这时，我们能说这是正义的吗？在这种情况下，消费者的选择权是不存在的，或者是根本不可能变成现实而仅仅停留在理念层面的。因此，为了维护正义，消费者的选择权不能停留在理念层面，我们还必须解决“可能必须等于能够”的问题，即市场、社会应该提供各种选择的可能，既包括选择转基因食品的可能，也包括选择非转基因食品的可能，以保证消费者能够真正进行“选择”。表现在宏观层面，就是社会、国家应确保消费者选择非转基因食品的权利的实现。我国这几年开始收紧对转基因作物在国内的耕种。例如，2016 年 12 月 16 日修订、2017 年 5 月 1 日开始施行的《黑龙江省食品安全条例》作出了依法禁止种植转基因粮食作物的规定。这一规定有利于保障消费者选择非转基因食品的权利，符合转基因的正义原则。

---

[1] [英] 拉吉・帕特尔：《粮食战争》，郭国玺、程剑峰译，北京：东方出版社 2008 年版，第 97 页。

三、转基因语境下公众的基本权利

除了生产者（农户）、消费者的权利外，在转基因语境下，对社会公众的权利也必须给予重视。

（一）环境权

转基因作物大面积的推广、转基因货物的国际贸易、转基因技术的国际转让都可能破坏当地甚至全球的生态系统的整体性，给当地、全球带来生态环境危机。

现代的科学研究证明，地球上的生态系统是经过长期进化形成的，系统中的各个物种经过成千上万年的相互竞争、相互排斥、相互适应，才形成了现在相互依赖又相互制约的动态的平衡关系。一个地区的生态系统如此，整个自然界亦如此。大自然经过上亿年的进化，形成了自然的整体性。一个外来物种引入后，可能因新环境中没有能与之相抗衡或制约它的生物，从而打破了物种之间的平衡，进而改变或破坏当地的生态环境，破坏自然和生态的整体性。比如，20 世纪初，欧洲鲤鱼作为垂钓鱼种被引入澳大利亚，70 年代的洪水使欧洲鲤鱼意外地进入当地的生物圈。由于欧洲鲤鱼具有超强的捕食能力，本土鱼种根本无法与其竞争，所以，它已经成为令澳大利亚人头痛的入侵鱼种，在一些水域，其数量已占鱼类总量的 80% 以上。再比如，为了清除养鱼场和河水的藻类污染，美国曾引进原产于中国的白鲢，结果，白鲢的繁殖速度过快，很快便遍布美国 15 个州的水域，本土鱼类的生存受到严重的威胁。一般来说，外来物种进入本地生态环境系统后，会产生以下问题：直接或间接导致当地物种数量以及某些物种的个体总量减少；当地生态系统和生态景观被改变；当地生态系统控制和抵抗虫害的能力下降；当地生态系统的土壤保持和营养改善能力降低；当地生物多样性维护能力降低[1]。

生态系统的破坏会严重影响当地人类的生存与发展。生态失衡后极易引发高温、暴雨、泥石流、沙尘暴等自然灾害，这些自然灾害会影响粮食的产量。生态失衡还有可能导致水质、土壤的污染，人类的食物安全受到影响，人类罹患癌症等各种疾病的概率增加。所以，平衡的、可持续的生态环境对

---

〔1〕 许文涛、黄昆仑主编：《转基因食品社会文化伦理透视》，北京：中国物资出版社 2010 年版，第 60 页。

人的生存极其重要，是人的基本权利，在环境遭到破坏的现代文明社会尤其如此。

环境权是人类的一项基本权利。重视地球的环境问题已是国际社会的共识。国际社会正式重视环境权始于1972年斯德哥尔摩联合国人类环境会议。此次会议将“人人享有自由、平等和足够生活条件，在良好环境中享受尊严和福祉的权利”列为原则之一。八年后的世界环境与发展委员会（WECD）在其文件《自然资源和环境关系一般原则》中明确规定了健康环境权，其第1条明确规定“人类享有实现健康所需的环境权利”。

对于环境权的具体内容，学界已进行了大量研究，但主要是集中在法学层面。比如，我国环境法学者吕忠梅认为，环境权应包括环境资源利用权、环境状况知情权（信息权）、环境事务参与权和环境侵害请求权〔1〕。这种看法主要是法律层面的环境权。下面在社会层面讨论公众的环境权。

联合国人权和环境权委员会对环境权有一个界定，其中实体性环境权包括：免受环境污染、恶化和对威胁人类生命、健康、生存、福利及可持续发展活动的影响；保护和维持空气、土壤、水、海洋、植物群和动物群、生物多样性和生态系统所必要的基本的进程和区域；可获得最高健康标准；安全健康的食物、水和工作环境；在安全健康生态中享有充分的福祉、土地使用和适当的生活条件；保持可持续的使用自然和自然资源；保持独特的遗址；土著居民享有传统生活和基本生计〔2〕。这些权利内容都是从社会公众层面出发的，可以说已经是全球的共识了，是人类命运共同体的应有之义。

转基因技术的应用，尤其在农业生产领域的应用，必然对生态环境产生影响，尽管这种影响是积极的还是消极的暂时还没有形成共识。在这种情形下，转基因语境中的环境权对公众而言尤为重要。全球社会中的每个国家、每个社会组织、每个企业、每个公民都应该保障与维护人的环境权。就国家而言，加强转基因问题各个方面、各个环节、各个领域的管理是其不可推卸的责任。换言之，公众有要求政府加强对转基因管理的权利，这项权利是由环境权派生出来的。我国政府于2002年颁布了《农业转基因生物安全条例》，此《条例》就是转基因语境中政府对公众环境权的保障与尊重的体现。

---

〔1〕吕忠梅：《超越与保守：可持续发展视野下的环境法创新》，北京：法律出版社2003年版，第232页。

〔2〕陈亚芸：《转基因食品的国际法律冲突及协调研究》，北京：法律出版社2015年版，第52页。

其第1条明确指出此条例的目的为“加强农业转基因生物安全管理，保障人体健康和动植物、微生物安全，保护生态环境……”

（二）遗传资源受益权

很多转基因生物在研发过程中会利用一些传统知识，如前面谈及的印度楝树，我国的中草药知识等。这些传统知识是特定社区人群在千百年来的生产、生活实践中积累、创造出来的知识、技术和经验的总称，是社区公众集体智慧的结晶。这些知识以及与其密切相关的药用、农业植物物种资源在今天人们的生产、生活中仍然发挥着重要作用。但是，这些知识并不受当今知识产权制度的保护，通常被视为人类的共同财产，因此，任何人、任何组织都可以免费获取和使用。转基因生物的研究者、公司在无偿获取这些传统知识后，利用这些传统知识开发转基因生物并申请专利，这无形中将属于这些社区公众的共同财产——共有知识据为己有，并以此谋利，甚至让当地人为此支付费用。为了改变这种不公平现象，当地社区共有传统知识的权利必须得到确认。

当地公众拥有这种权利是有国际法根据的。《生物多样性公约》在序言中声明：“许多体现传统生活方式的土著和地方社区同生物资源有着密切和传统的依存关系，应公平分享从利用与保护生物资源及持久使用其组成部分有关的传统知识、创新和做法而产生的惠益”，第8条（j）项规定，各缔约国应该“依照国家立法，尊重、保存和维持土著和地方社区体现传统生活方式而与生物多样性的保护和持久使用相关的知识、创新和做法并促进其广泛应用，由此等知识、创新和做法的拥有者认可和参与其事并鼓励公平地分享因利用此等知识、创新和做法而获得的惠益”。为了保证这些权利的实现，《生物多样性公约》第五次缔约国大会通过的第5/16号决议还明确规定了遗传资源获取、使用事先知情同意权——“获取土著和当地社区的传统知识、创新与实践，必须获得这些知识、创新与实践持有者的事先知情同意或事先知情认可”，即必须取得土著、当地社区的事先同意或事先认可。

（三）文化方面的权利

除了环境权外，转基因语境中，社会公众、一些民族还有文化方面的特定权利。

转基因生物的出现、转基因作物的推广，可能会出现基因污染。基因污染除了对生态环境、食品安全造成影响外，还可能对人们的精神造成伤害。苏联著名科学家尼·瓦维洛夫曾提出“作物起源中心说”，认为许多人类栽培的植物分别来自地球几个集中的区域。据他分析，全世界一共有8个作物起源中心，产生过大约5000种栽培植物，但现在仅存1200种，大多数都分布在亚、非、拉发展中国家。作物在这里被驯化，然后引种到地球其他地方。中国是八大作物起源中心之一，也是200种栽培植物的发源地。大豆就发源于中国。而墨西哥是人类主要粮食之一——玉米的种植中心，种植历史已有9000多年，是玉米品种的发源地。因此，玉米对墨西哥人来说有着重要的文化价值、历史价值和精神价值。墨西哥素有“玉米妈妈”之称。如果墨西哥玉米的基因被污染，对墨西哥人造成的冲击也不可低估。

此外，世界不同人群总有属于自己的特殊的图腾或信仰对象。这些图腾或信仰对象有的是虚构的，有的是现实存在的动物或植物，比如，中华民族的龙，我国道教尊崇的鲤鱼，印度人尊崇的牛。如果培育出转基因鲤鱼、转基因牛，或者把这些动物的基因移植到其他生物体上，那么，部分群体的文化信仰权利就会受到侵犯。

与这些信仰联系在一起的是信徒们的饮食习惯，比如有些民族拒绝食用由某种动物或植物制成的食物，佛教信徒拒荤食，等等，如果转基因食品中含有这方面的基因，那么，信徒们的食物文化权利就受到了伤害。

因此，为了保障这些群体的权利，社会、政府有必要推行转基因产品标识制度，而且在某些特定人群生活的地区禁止种植、养殖、销售特定的转基因产品。

第三节　转基因语境中国家的主权与基本权利

一、国家主权与经济主权

转基因问题是一个全球性问题，需要全球人民齐心协力、共同努力来解决。国家是国际社会最重要的主体，任何国家都应对此作出自己的贡献。但是，国家与其他社会体的最大区别是它具有主权，而且，一般而言，国家主权是排他的、不可让渡的、不可分割的，即绝对的。在解决转基因问题时，国家的主权有时会受到一定挤压，有时会成为障碍，因此，有人主张取消国家主权，以一个世界政府代替现在的各国主权。这也是一些全球正义者的主张。我们认为，在转基因语境下国家主权仍然是不可缺少的，只不过，这里的国家主权与我们以往理解的那种国家主权有些不同。

国家主权观念是人类社会发展到一定阶段而产生的。具体而言，它是罗马教会力量式微、世俗国家力量崛起的产物。在思想观念上，人们一开始强调的是国家主权的对内属性。这方面的代表人物是让·博丹，他认为，国家主权是“不受法律约束的、对公民和臣民进行统治的最高权力”〔1〕。后来，人们开始强调国家主权的对外属性，其代表人物是格劳秀斯。他在《战争与和平法》中认为：“所谓主权，就是说它的行为不受另外一个权力的限制，所以它的行为不是其他任何人类意志可以任意视为无效的。”〔2〕在实践中，国家主权在《威斯特伐利亚和约》中得到确认。从此，以国家主权为基础的国际关系体系逐渐形成。而且，国家主权观念中包含着对内与对外两个方面，这两个方面是不可分割的，构成一个完整的体系。对内，它代表着至高无上的统治权，即它享有完全的自治权，有权决定其领土范围内的一切事务；对外，它是独立的，在处理本国对外事务时，任何其他外在力量都无权干涉，在国际法上享有完全的权利能力与行为能力。因此，现实中，判断一个实体是不是一个国家，主要从这两个方面来看：对内它有无完整的自治权，对外它有无独立的外交和国际地位。

但是，国家主权又是抽象的，在实践中要通过国家的权利和权力来体现或实现。从权能层面上看，主权既是一种权力，也是一种权利。首先，主权是一种权力（power）。权力的核心是权力主体合法地具有一种强制其共同体成员、共同体中的社会组织的力量、能力，它依靠这种强制力可以使其共同体的成员、共同体中的社会组织按照国家的意志行事。换言之，权力是权力主体合法地拥有一种以实现自己意志为目的的强制力量。它体现的是一种控制与被控制、支配与被支配的关系。显然，强制性是权力的基本特征。从抽象层面看，国家的最高统治权力是不可转让的。一旦丧失权力，国家的存在与否也就成了问题。在具体层面，由主权派生的具体管理权力是可以转让的。其次，主权还是权利（rights）。权利是权利主体的作为或不作为的自由

〔1〕 转自［美］乔治·霍兰·萨拜因：《政治学说史》（下册），刘山译，北京：商务印书馆 1986 年版，第 462 页。

〔2〕 叶立煊：《西方政治思想史》，福州：福建人民出版社 1992 年版，第 173 页。

与资格，而且这种自由与资格总是与权利主体的利益联系在一起。虽然权利中也有支配力，但这种支配力更多的是主张的能力，并且只及于权利的客体，而不是针对共同体中的成员或社会组织。自由、不受外在干预是权利的显著特点。这些分析表明：主权对内意味着权力，对外意味着权利。这两个方面可分别表述为主权权力与主权权利。从这种组成结构上看，一方面，坚持主权性质的规定性，强化国际法与《联合国宪章》的基本准则，另一方面，对主权的派生权力即具体的统治和管理权力作出限制或转让，二者并不矛盾，也不构成对主权的限制。

从权利的角度来看，一般认为，国家权利有基本权利与派生权利两种类型。派生权利是“从基本权利中引申出来的或根据国家条约而取得的权利”〔1〕。国家基本权利与国家主权是两个既有联系，又有区别的概念。我国著名国际法学家周鲠生认为：“国家的基本权利在本质上是和国家的主权不可分的；基本权利就是从国家主权引申出来的权利。国家既有主权就当然具有一定的基本权利，否认一国的基本权利就等于否认它的主权。”〔2〕关于这一点，《奥本海国际法》也认为：“国际社会的成员资格必然使国家享有所谓国家的基本权利，这些基本权利被认为是主权国家组成国际社会的当然结果。”〔3〕有权利就有义务，国家的基本权利和基本义务是对立统一的。《奥本海国际法》指出：“基本权利这个概念本身，如果不会为掩盖违反法律或掩盖纯粹的政治主张所滥用，就意味着应该尊重国际人格的基本权利的相应义务，并且使这种义务特别明显地表现出来。”〔4〕换言之，国家享有基本权利和派生权利的同时也应履行相应的义务，这并不构成对国家主权的限制。

基于以上两个方面的认识，我们认为，1972 年《人类环境宣言》第 21 条的规定并不是对国家主权的否定或限制。根据《联合国宪章》和国际法原则，各国享有根据它们自己的环境政策开发其资源的主权权利，各国有义务使其管辖范围内或控制下的活动不对其他国家的环境和任何国家管辖范围以外的地区造成损害。有的学者将此原则称为“国家资源开发主权权利与不损

〔1〕 杨泽伟：《国际法》，北京：高等教育出版社 2017 年版，第 72 页。

〔2〕 周鲠生：《国际法》，北京：商务印书馆 1976 年版，第 170—171 页。

〔3〕 [德] 詹宁斯·瓦茨修订：《奥本海国际法》（第 1 卷第 1 分册），王铁崖等译，北京：中国大百科全书出版社 1995 年版，第 271 页。

〔4〕 [德] 詹宁斯·瓦茨修订：《奥本海国际法》（第 1 卷第 1 分册），王铁崖等译，北京：中国大百科全书出版社 1995 年版，第 346 页。

害国外环境责任原则”，或者“国家环境资源主权原则”[1]。

与此类似，转基因问题的解决也不需要否定国家主权，但应在国家权利、责任层面对国家的权力、权利作出设定。需要注意的是，“国家资源开发主权权利与不损害环境责任原则”中的“不损害环境责任原则”的法律根据是国家基本权利与基本义务相统一。而在转基因问题上，我们不需要从这个角度寻找理论依据，国家在这方面的责任来源于生命共同体与人类命运共同体。换言之，主权国家通过基本义务可以在转基因问题上承担全球责任。

主权不是一成不变的。最近出现的“作为责任的主权”（sovereignty as responsibility）理论也证明主权国家能够承担转基因全球责任，而且能够更好地促进转基因全球正义的实现。这种主权观念认为，主权意味着责任，责任主要有三个方面：（1）国家权力当局对保护国民的安全和生命以及增进其福利的工作负有责任。（2）国家政治当局对内向国民负责，对外通过联合国向国际社会负责。（3）国家的代理人要对其行动负责，就是说，他们要说明自己的授权行为和疏忽[2]。责任主权观给主权国家施加了对内、对外的义务，而且在一定程度上对国家的不义行为有预防机制。

所以，在转基因问题上，我们坚持国家主权。坚持国家主权的另一个原因是，主权对争取、维护当今国际社会的正义有着重要的作用，那些主张取消或限制国家主权的论调实际是给一些大国的强权张目。我国著名国际经济法学家陈安教授对这一点有深刻的观察与思考，他认为，在强权政治仍然存在的现代国际社会，主权仍然是现代国家的重要属性。对众多挣脱殖民主义枷锁而获得独立的发展中国家而言尤其如此。超级大国的一些学者有的鼓吹“联合主权论”，有的鼓吹“主权有限论”，这些鼓噪都是为大国的强权政治、弱肉强食和侵略扩张张目[3]。

与国家主权相关的另一个问题是经济主权。以往人们谈论国家主权时多指政治主权，“二战”后这一情形有所改变。“二战”后，许多新兴的民族国家在摆脱殖民主义者统治之后，在国际交往中始终坚持主权原则，维护和巩固自己的主权地位，因为它们清楚地知道，只有坚持主权，才能在国际社会中保障自己的独立自主，享有平等的地位，获得应得的利益。但是，由于这

---

〔1〕高晓露：《转基因生物越境转移事先知情同意制度研究》，北京：法律出版社2010年版，第68页。

〔2〕杨泽伟：《国际法》，北京：高等教育出版社2017年版，第61页。

〔3〕参见陈安主编：《国际经济法》，北京：法律出版社2007年版，第60页。

些国家的政治、经济、文化过去长期受殖民主义国家控制，所以，尽管它们获得政治独立，但它们的经济命脉、自然资源等仍然被控制在以往殖民主义者手中。它们徒具政治独立，而经济、社会发展不独立。所以，这些国家坚持不懈地要求和促进整个国际社会确认各国的经济主权。在它们的努力争取下，经济主权得到了国际社会一定程度的认可。

但是，到了20世纪末期，随着经济全球化的推进，世界贸易组织对国家经济主权提出了挑战，国际社会出现了一股否定经济主权的思潮。我们认为，在经济全球化背景下，国家经济主权更应该得到肯定，尤其以往那些已在国际社会中得到确认的经济主权原则应该继续维护，这对于转基因全球正义建设有重要意义。这些经济主权原则包括：（1）各国对本国内部以及本国涉外的一切经济事务，享有完全、充分的独立自主权利，不受任何外来干涉。联合国大会于1974年通过的《各国经济权利和义务宪章》第1条规定："每个国家有依照其人民意志选择经济制度以及政治、社会和文化制度的不可剥夺的主权权利，不容任何形式的外来干涉、强迫或威胁。"（2）各国对境内一切自然资源享有永久主权。1952年，联合国大会通过决议，承认"各国人民自由利用和开发其自然财富的权利，是他们的主权所固有的，而且是符合《联合国宪章》的"。《各国经济权利和义务宪章》第2条规定："每个国家对其全部财富、自然资源和经济活动有充分的永久的主权，包括拥有权、使用权和处置权在内，并得自由行使此项主权。"（3）各国对境内的外国投资以及跨国公司的活动享有管理监督权。（4）各国对境内的外国资产有权收归国有或征收。（5）各国对世界性贸易大政享有平等的参与权和决策权。

这些经济主权原则给生物遗传资源权利的确立提供了法律依据。随着转基因技术的发展，生物遗传资源成为"绿色黄金"。在20世纪90年代以前，人们普遍认为，生物遗传资源属于全人类共有的财富，全人类可自由使用。但是，后来的事实证明，真正能够自由使用这些生物遗传资源的是那些技术先进的跨国公司与国家，发展中国家虽然具有丰富的生物遗传资源，但从这些资源上并没有获得多少利益。相反，那些资金雄厚、转基因技术发达的跨国公司与国家却在"遗传资源是人类共同遗产"的原则下肆意掠夺发展中国家的遗传资源，并在研发出成果后，利用知识产权制度让发展中国家付出高昂的代价。这显然不正义。现在发展中国家极力主张遗传资源主权。这一主张应该得到肯定，而且也有经济主权原则的支持。经过发展中国家的努力，

《生物多样性公约》的序言“重申各国对它自己的生物资源拥有主权权利”，进一步为转基因全球正义奠定了主权基础。

二、转基因事务的自主决定权

既然在转基因问题上各国具有主权和经济主权，那么，各国有权根据自己的国情和自己的判断来自主决定本国的转基因事务，这就是转基因事务的自主决定权。自主决定权的具体事项包括以下几个方面：

（一）发展转基因农业与转基因产品销售、国际贸易权方面的自主决定权

在全球化时代，跨国公司与个别国家为了利润会极力在全球推广转基因作物的商业化种植。从转基因作物商业化种植的规模来看，美国连续多年是全球转基因作物种植面积最大的国家，也是全球农产品出口额最大的国家，农业出口对美国经济有重大意义，对美国转基因产品贸易进行任何限制都将损害其国家利益。加拿大、巴西、阿根廷等国与美国的情形相同，所以这些国家主张转基因产品与普通农作物没有任何实质区别，坚决反对给转基因产品的贸易设置任何障碍。但许多发展中国家由于转基因技术落后，为了维护本地的经济与生态安全，希望自主决定转基因产品的相关政策，以便对其加强监管。

我们认为，作为负责任的主权者，国家应本着对本国人民和世界人民负责的态度，综合考虑本国的实际情况来确定是否允许转基因农业在本国推广。同样，各国对本国转基因产品的试验、生产、销售、运输、监管以及国际贸易等政策也有自主决定权。

（二）转基因知识产权制度自主决定权

《生物多样性公约》规定，生物遗传资源的利用应当遵循国家主权、知情同意、惠益分享的原则，并明确规定，专利制度应该有助于实现保护遗传资源的目标。为了防止非法窃取遗传资源进行技术开发并申请专利，各国有权自主决定本国保护遗传资源的专利制度与基本原则。今天，世界上不少国家已根据自己的国情制定了相关的保护制度。印度、巴西等发展中国家和瑞士、挪威、丹麦等发达国家通过专利法律制度来保护其生物遗传资源。我国是遗传资源大国，也采用了专利制度的方式来保护生物遗传资源。我国的

《专利法》第 26 条规定："依赖遗传资源完成的发明创造，申请人应当在专利申请文件中说明该遗传资源的直接来源和原始来源；申请人无法说明原始来源的，应当陈述理由。"第 5 条规定："对违反法律、行政法规的规定获取或者利用遗传资源，并依赖该遗传资源完成的发明创造，不授予专利权。"

（三）自主决定生物安全管理模式

目前，世界上对转基因产品安全性问题没有形成一致的认识，因此，各国都有权依照自己的科学技术发展水平、生态环境、经济发展水平等对转基因技术活动及其产品采取自己的管理模式。

从立法模式和管理模式来看，各国的生物安全立法并不相同。美国、加拿大等国采用"基于产品的管理模式"。这种模式认为，现代生物技术与传统生物技术没有本质区别，因而应针对生物技术产品而不是生物技术本身进行管理。欧盟采用"基于技术的管理模式"。这种模式认为，现代生物技术本身具有潜在的危险性，因此，只要与现代生物技术相关的活动都应进行安全性评价并接受管理。在立法思路上，前者遵循的是"实质等同原则"，后者遵循的是"风险预防原则"。在生物安全管理模式上，我国根据国情采取了更为严格的模式——既对产品，又对过程进行评估。按照国务院颁布的《农业转基因生物安全管理条例》及配套制度的规定，我国实行严格的分阶段评价，从实验室研究阶段到田间小规模的中间试验，再到大规模的环境释放、生产性实验、安全性证书评估，共五个阶段一级一级向前走，每一阶段的评估不合格就会终止下一步的试验、生产。这就是说，我国兼采美国模式与欧盟模式，既对产品、又对过程进行评估。此外，除了国际通行的标准外，我国还增加了大鼠三代繁殖试验和水稻重金属含量等指标的分析、评估。所以，中国工程院院士吴孔明认为："从这个角度来说，中国转基因产品安全性评价，不管是从技术标准上或是程序上，都是世界上最严格的体系。"[1]

各国采取的管理模式不同，是因为这些国家的公众对转基因食品的接受程度、对转基因技术安全性的评价不同。这就是说，各国的生物安全立法并不是简单地采用同一种思路，而是根据自身生物技术发展水平和发展趋势以及生物安全保护的需要，选择自己的策略并规定相应的机制和法律制度。这

---

〔1〕《我国仅批准种植转基因棉花、番木瓜》，《深圳特区报》，2016 年 04 月 14 日，第 A13 版。

是每一个国家的权利。但是，现实中总有些国家干涉他国的自主决定权，要求他国采取它们的模式或标准。世界贸易组织曾应美国、加拿大、阿根廷的要求，对欧盟有关转基因产品的“实际禁令”进行调查，并在2006年年底宣布，欧盟国家禁止进口转基因产品的做法“违反了国际贸易规则”。在世贸组织的裁决正式公布后，美国、加拿大、阿根廷三国立即敦促欧盟修改现行有关转基因产品的法规，使其符合世贸组织的要求[1]。美国等国的这种做法是对他国自主决定权的干涉与破坏。

（四）自主决定转基因标识制度及其政策

转基因标识制度是转基因安全管理中的一项重要内容，它有时与转基因食品、转基因贸易等联系在一起。给转基因产品加贴标识是基于以下考虑：（1）便于跟踪、监控转基因产品，当转基因产品出现安全方面问题时，便于采取召回等补救措施，确立相关方的责任。（2）消费者对转基因食物有知情权。（3）缓解对转基因问题的持续不断的争议，作为相互妥协以利于发展的解决办法，由消费者自己决定接受与否。因此，国家有权自主决定这方面的制度及政策。

关于转基因作物及食物的政策，当前国际社会存在着两种截然不同的立场。一方以美国为代表，大力推广转基因作物的种植，坚持“实质等同原则”，力主转基因食物与传统食物没有区别，对转基因食品不需要设置特殊标识，因此采取自愿标识管理制度。另一方以欧盟为代表，坚持“预先防范原则”，对大规模种植转基因作物持谨慎态度，对转基因食品、饲料实行强制性标识制度。这些在“转基因语境中消费者权利”处已介绍过，此处不再重复。需要强调的是，采取什么样的标识管理制度应由各国自主决定。而且，即使实施强制标识制度的国家，在具体标准上也存在着很大的差异。比如，2000年欧盟委员会规定，最终消费食品含有超过1%的转基因成分应在标签中注明，1%以下含量则无须注明。2002年，欧盟将此比例降为0.9%，对食品混入转基因成分是偶然的或在技术上不可避免的情况下含量低于0.9%才可以免贴标签。如果混入的转基因成分经欧盟食品安全局认定不具有风险且尚未上市销售的材料，含量低于0.5%且存在检测手段时才能免贴

---

〔1〕 顾秀林：《转基因战争》，北京：知识产权出版社2011年版，第57页；［美］威廉·恩道尔：《粮食危机》，赵刚等译，北京：知识产权出版社2008年版。

标签，该规定有效期为3年，3年后此情形标签门槛为零。而且，欧盟国家的标签门槛要低于采取强制标签制度的其他国家，如澳大利亚为1%、新西兰为1%、日本为5%、韩国为3%、印度尼西亚为5%[1]。

此外，需要指出的是，标识制度不只适用于转基因食品，也适用于转基因饲料、转基因生物等。至于哪些转基因产品需要加贴标识，由各国自主决定。进口转基因产品的标识政策也应由各国自主决定。标识的内容、位置、大小等也应由各国自主决定。

三、事先知情同意权

今天，国家依然是全球事务的重要参与者，转基因问题的解决也离不开国家，与转基因问题相关的许多事务还需要各个国家来决策、执行，所以，国家在转基因问题的一些重要事项上应该拥有事先知情同意权。事先知情同意权包括两个领域，一是转基因生物过境或国际贸易领域的事先知情同意；二是获取遗传资源领域的事先知情同意。

事先知情同意程序（advance informed agreement）是《卡塔赫纳生物安全议定书》对转基因活性生物的国际贸易、越境转移设定的基本规则和最低标准。规定这一程序是出于对转基因生物安全的考虑。事先知情同意的核心是“同意”，即缔约出口国将《卡塔赫纳生物安全议定书》规定的转基因生物出口到缔约进口国时就应提前征得缔约进口国的同意，缔约进口国有权在获得相关资料后，根据本国的情况作出是否允许进口的决定。

“知情同意原则”是英美法系的产物，可追溯到1767年英国的Salter案。该案法官认为，在做手术前取得病人的同意是“外科医生应遵循的惯例和法则”[2]。“二战”期间，纳粹的残酷人体医学实验令人发指，战后，为了防止这种暴行，1946年的《纽伦堡法典》将“知情同意”确定为医疗及医学实验领域的一项道德要求。其要求“一切治疗或实验都必须向患者或受试者说明情况，包括所施程序的目的、方法以及可能产生的副作用。在没有威胁、利诱的条件下获得患者亲自表示的同意，或在可能的多种选择办法中作

---

〔1〕 陈亚芸：《转基因食品的国际法律冲突及协调研究》，北京：法律出版社2015年版，第68、69页。

〔2〕 赵西巨：《从知情同意原则的历史渊源和发展轨迹看其所保护之权利及其性质》，载《南京医科大学学报》（社会科学版），2005年第4期，第304—308页。

出自由的选择”，同时，研究者应将相关治疗或实验的危险和伤害降到最低，受试者完全有停止实验的自由。1964 年的《赫尔辛基宣言》对此原则进行了补充与修正、细化。此后，“知情同意”随着医学、生物医学的发展而发展。总之，这项原则体现了对患者、人体实验受试者的人格尊重，同时也使患者、受试者免受无法预料、无法预防的伤害。

现代医学的知情同意原则存在的基础有两个：一是医疗、人体医学实验中风险的不确定性；二是对人的生命与健康的尊重。随着现代科学技术的发展，这种处理不确定性风险的思路也运用到了危险化学物质、危险废弃物的越境转移、使用及处理等活动领域。20 世纪 60 年代，危险化学物品及农药的生产、使用和国际贸易迅猛增多，这些危险化学品和农药对人类健康和生态环境的危害也逐渐引起了人类社会的警惕与关注。一些发达国家开始禁止使用或限制使用一些危险化学物品与农药。但是，大多数发展中国家在这方面的管理体制、风险评估能力、基础设施建设等存在着不足，所以，危险化学物品和农药的进口对广大发展中国家的人民生命健康和生态环境都构成了潜在的危险。对此，一些国际组织也采取了积极措施以期帮助广大发展中国家，但是收效并不明显。通过不断反思，国际社会逐渐认识到，应对危险化学物品与农药带来的风险需要全球性的行动。在国际社会的不懈努力之下，一些国际性行为规则得以产生。其中，事先知情同意程序也被引入。1998 年，国际社会终于达成共识，通过了具有法律约束力的《关于在国际贸易中对某些危险化学品和农药采用事先通知同意程序的鹿特丹公约》。这一公约的核心内容是在某些危险化学品和农药的国际贸易中适用事先知情同意程序。后来，事先知情同意程序也被引入危险废弃物越境转移领域。

需要注意的是，危险化学物品及农药的越境转移领域引入事先知情同意程序的一个背景是，一些发展中国家或者缺乏完备的法律制度，或者缺乏充足的财政、人力资源收集相关信息，或者二者兼而有之，因而无法根据其国内具体情况对相关危险化学物品及农药进口或越境转移作出知情决定，所以，国际社会才作出事先知情同意程序的安排。今天，转基因生物越境转移、国际贸易的情形与此相似。各国的转基因技术发展水平、经济实力、法律制度等都不相同，所以，事先知情同意也应该适用于转基因生物越境转移，各国家应该拥有事先知情同意权。

但是，在《生物安全议定书》的谈判过程中，发展中国家强烈要求“事先知情同意”制度适用于《议定书》调整范围内的所有转基因活生物体，但是遭到了转基因产品主要出口方——迈阿密集团及欧盟的强烈反对。最后，排除了五类转基因活生物体[1]。第一类，某些用作人类药物的转基因活生物体。第二类，过境的转基因活生物体（但需“书面沟通”）。第三类，封闭使用的转基因活生物体。第四类，拟直接用作食物或饲料或用于加工的转基因活生物体。这类转基因生物体通过多边信息交换机制解决。第五类，不可能对生物多样性的保护和持续使用产生不利影响的转基因活生物体。这几类转基因活生物体被排除在事先知情同意程序之外，在一定程度上不利于全球的生物安全与人类健康，因此是不正义的。

事先知情同意原则适用的另一个事项是生物遗传资源的获取、利用等领域。前面已说过，国家对本国生物资源拥有主权。但是，由于各国的科学技术发展水平，生物遗传资源的保护、利用的能力、意识，相关法律制度建设有差异等因素，有些国家、组织、个人会以各种手段获取资源国的资源，进而损害资源国国民的利益和国家的整体利益。因此，根据国家主权与不损坏国外环境责任原则，1992 年的《生物多样性公约》规定了遗传资源的获取、利用必须履行事先知情同意义务。对遗传资源的任何获取、利用行为都应事先征得该国有关主管当局的同意，而且提供遗传资源的国家，有权“公平分享研究和开发此资源的成果及商业和其他方面利用此种资源所获得的利益”[2]，否则，即是对遗传资源提供国国家主权的侵犯。

转基因语境中国家的权利除了自主决定权、事先知情同意权外，还有对全球性转基因问题大政享有平等的参与权和决策权。这一权利也是由国家主权与经济主权直接决定的。从根本上讲，这一权利是由生命共同体与人类命运共同体的现实决定的。关于此项权利的理论在前文多处已论述过，此处不再展开讨论。

---

〔1〕 高晓露：《转基因生物越境转移事先知情同意制度研究》，北京：法律出版社 2010 年版，第 111 页。

〔2〕 吴小敏、徐海根、朱成松：《遗传资源获取和利益分享与知识产权保护》，载《生物多样性》，2002 年第 2 期，第 243—246 页。

第三章　转基因生物安全的全球正义

第一节　可持续发展与共同但有区别的责任原则

从人类命运共同体的价值立场出发，人类的发展必须是可持续的发展。换言之，可持续的发展决定了转基因全球正义必须坚持共同但有区别的责任原则。

一、可持续发展理念

近几十年，不论是世界还是中国的经济都呈现出了向好的局面，经济的飞速发展给人们带来了巨大的好处，经济收入增长了，生活水平提高了，但是与此同时，经济飞速发展也带来了许多问题，环境危机、资源破坏、生态失衡，等等，人与自然的矛盾加剧成了人类必须应对的难题。如何解决这一难题？1987 年，以挪威前首相布伦特兰夫人为首的世界环境与发展委员会的成员们，向联合国大会提交了他们经过四年研究和充分论证的报告——《我们共同的未来》（Our Common Future），正式提出了“可持续发展”的概念和模式[1]。以此为标志，面对现代经济发展带来的困境，展望未来，“可持续发展”便成为国际社会的共识，走可持续发展道路无疑是应对当下这一难题的最佳选择。关于可持续发展理论框架的形成过程，差不多经历了半个世纪。这半个世纪，人类不断思考发展的原则、意义、目标以及人类自身的发展与社会、自然的关系，并逐渐通晓其真谛。

从哲学层面看，可持续发展概念的核心是人与自然的关系，以及人的代际关系。它强调发展既要满足当代人的需要，又不对后代人满足其需要的能

---

〔1〕 李龙熙：《对可持续发展理论的诠释与解析》，载《行政与法》，2005 年第 1 期，第 3—7 页。

力构成危害，同时它也强调，要把世界上众多人民的基本需要放在特别的优先位置考虑。根据有关学者的研究，可持续发展就是要处理好“发展、协调、持续”“动力、质量、公平”“和谐、稳定、安全”[1]等几组概念的关系。

第一，可持续发展的第一要义是要处理好“发展、协调、持续”三者之间的关系。不言而喻，这里的“发展”主要是指经济的提升。“二战”以后，发展成为全世界的主题，大多数国家都把发展放在了首要的位置，中国自改革开放始，也一直在努力发展经济。但是，在发展经济的过程中，人类对于自然界的索取可以说是违背了自然发展的规律。结果，经济是发展了，自然界和人之间的矛盾却加剧了：环境污染，如水质、土壤、空气的污染；生态破坏，如物种减少、土地沙漠化；各种自然灾害频发，如冬天的雾霾、春天的沙尘暴、夏天的泥石流、地震、海啸、干旱、暴雨、厄尔尼诺等极端气候。这一系列问题严重地影响着人类的生存与发展。今天，我们已经知道，地球是一个复杂的、联系的、发展的整体，每个国家、地区都是这个整体不可分割的一部分。整体是由部分组成的有机体，整体与部分、部分与部分相互联系、相互影响。任何一个部分发生问题都会直接或间接导致其他部分的紊乱，甚至诱发所有部分的整体突变。这在地球生态系统中表现得最为明显。因此，可持续发展追求的是整体发展和协调发展，即共同发展。“协调”，简而言之，就是处理好人与自然的关系，使自然界的承受能力和社会发展的速度保持在一个平衡的限度内。我们需要“金山银山”，更需要“绿水青山”，因此，人类应该与地球生态系统、其他物种和谐共存，在人类命运共同体内共同发展。“持续”是说，人类需要有长远的眼光，应该为子孙后代着想，在获取自然资源的时候要取之有节，用之有度，尤其对不可再生资源的利用要把握好“度”。总之，发展、协调、持续三者构成一个有机的整体，发展是核心，协调是持续的基础，而持续是协调的目标，三者相互促进，彼此制约，缺一不可。那么，如何处理好发展、协调、持续之间的关系呢？首先，在制定国家或地区的发展战略时，既要从经济增长、环境安全等功利性目标出发，也要从人类观念更新和人类文明进步的道义性目标出发，还要从遵循自然规律的客观事实出发。其次，财富的积累，财富的使用和财

---

〔1〕 牛文元：《可持续发展理论内涵的三元素》，载《中国科学院院刊》，2014 年第 4 期，第 410—415 页。

富的获取要把握好“度”的问题，即财富的索取要与自然的承受能力之间保持平衡。最后，树立预先防范意识，坚持绿色发展模式，积极推进绿色低碳循环发展的经济体系，坚决杜绝“先污染后治理”的模式。

第二，可持续发展的核心内涵是要实现“动力、质量、公平”的有机统一。根据一些学者的看法，发展“动力”通常由发展能力、发展潜力、发展效率、发展速率及其可持续性构成。而发展能力、潜力、效率、速率及可持续性则取决于：(1) 国家或地区的自然资本、生产资本、人力资本和社会资本的总和禀赋与总体效能；(2) 以及对上述4种资本的合理协调、优化配置；(3) 国家创新能力与竞争能力的积极培育[1]。“质量”在这里更多的是指人们生活环境的质量，也就是如何建设资源节约型和环境友好型社会，将经济的发展模型从过去的粗放式转变为节能型，减少对自然环境和生活环境的污染从而提高人类生存的环境质量。“公平”与资源的分配和社会财富的分配有关，即如何将发展成果惠及全体社会成员，让每一个成员都能从发展中感受到获得感，而且是公平的获得感。社会缺少了公平感，发展是不会持续的。

第三，可持续发展的根本含义之一是要实现“和谐、稳定、安全”的人文环境。和谐、稳定、安全的人文环境是经济发展和社会进步不可或缺的根本因素，也是对于执政合理性、有效性的基本要求。根据世界各国发展的历史经验，当一个国家和地区的人均GDP处于5000美元的发展阶段时，人口、资源、环境、经济发展、社会公平等各种矛盾和瓶颈约束最为严重，此时是“经济容易失调、社会容易失序、心理容易失衡、社会伦理需要重建、效率与公平应当不断调整”的关键时期。在“和谐、稳定、安全”的总体关系中，社会稳定是维持国家体系有序运行的根本保证。在可持续发展的统领下，中国在“认同社会价值观念，整合社会有序能力，提高社会抗逆水平，健全社会道德约束”[2]的同时，科学地、定量地、实时地诊断、监测社会和谐与社会稳定的总体态势变化、演化趋势和临界突破，形成一个完整地、系统地、连续地识别国家和地区社会和谐与社会稳定状况的基本局面，将成为宏观调控与科学执政的有力支撑。所以，评价一个国家的治理成效，主要依据之一就是国家的人文环境是否和谐、稳定、安全。

---

[1] 牛文元：《可持续发展理论内涵的三元素》，载《中国科学院院刊》，2014年第4期，第410—415页。

[2] 牛文元：《可持续发展理论内涵的三元素》，载《中国科学院院刊》，2014年第4期，第410—415页。

二、转基因意义上的可持续发展

转基因的可持续发展是指，在改变生物细胞特性的同时一定要遵循其生物的自然特性，避免损害人类后代满足其需要的能力，也就是说，转基因技术的发展仍然要遵循既要满足当代人的需要，又不对后代人满足其需要的能力构成危害的原则。为了最大限度地避免转基因生物可能带来的巨大风险，确保转基因的可持续发展，转基因技术的研究及应用应当遵循一些基本原则。

关于转基因可持续发展应坚持的原则，学界进行了广泛的研究，不同学者提出了不同的原则。目前学界提出的原则大致包括仁慈原则、尊重原则、自然原则、不伤害原则、预防风险原则和正义原则等。这些原则中有些内容有所交叉，如尊重原则与自然原则，有些与转基因可持续发展无关，如仁慈原则，有些原则又具有两面性，如不伤害原则既可促进转基因的可持续发展也可阻碍它的发展。鉴于此，我们认为转基因的可持续发展应坚持尊重自然原则、预防风险原则、正义原则。

（一）尊重自然原则

在以人际关系为主要对象的伦理学中，尊重原则是指对人的尊重，这一原则发端于康德的要把人当作目的而不是手段的主张。因此，它的主要内容是尊重人的自主性（自由）、人的自我决定性，由此延伸出尊重人的隐私、知情同意权等。与此不同，转基因全球正义观的责任伦理调整的对象不限于人际关系，而且扩展到了人与自然的关系。与此相应，尊重原则的对象也扩展到自然层面，包括一切有生命物和无生命物，比如山川河流、飞禽走兽、生态系统等，甚至包括大自然整体。

从内在价值论的角度看，无论这些自然存在是否有生命，它们都具有内在价值，理应受到其他存在的尊重。从生命共同体的角度看，它们具有系统价值，也应该得到尊重。转基因可持续发展坚持尊重自然的原则，就是因为自然具有系统价值。

转基因可持续发展还应该坚持其他原则，如预防风险原则等，但尊重自然原则是转基因可持续发展的根本原则，其他几个原则都是尊重自然原则的具体化。

从人类可持续发展的角度来看，尊重自然的原则分为两个层面，一个层面是自然作为一个整体存在，另一个层面是自然中每个自然存在物。第一个层面的尊重自然包括以下几方面的内容：一是尊重自然的自身发展规律。套用尊重人的术语来说，就是尊重自然的自主性。也就是说，人类可以进行转基因的研发、应用等活动，但不能破坏自然的演化规律，而将自己奉为“上帝”，更不能以牺牲自然界原有的特性为代价。比如，在转基因生物技术的运用中，不能造成自然环境的破坏和污染，也不能破坏原有的生物圈，从而影响自然自身的良性发展。二是尊重自然界的完整性。自然的完整性包括相对稳定性与多样性两个方面。自然界经过几万年甚至几亿年的发展，已经成为一个相对稳定的生态系统，这个稳定的生态系统由各种各样的存在共同构成。在这个生态系统中，一物降一物，各种生物相互依赖、相互制约构成一个和谐的整体存在。这个和谐的整体存在具有相对稳定性。如果这个生态系统中的多样性被破坏了，它的相对稳定性也会丧失。换言之，这种自然的多样性不是简单的数目上的多样，而是能够构成一个生态平衡、相对稳定、有机联系的多样。因此，从可持续发展的角度看人类的转基因活动必须在尊重自然整体性的前提下进行，对有可能破坏自然多样性的转基因活动必须慎之又慎。依此标准，那种将具有很强竞争力的转基因鱼投放进河流而导致其他鱼种消失的转基因活动必须禁止。

尊重自然原则的第二个层面，是尊重生命物种的自然特性，具体要求可列举如下：不能通过转基因技术改变物种的身体形态，如让老鼠长出猪的耳朵、老虎的牙；不能通过转基因技术让某种生物具有了另一种生物的功能，如让老鼠具有了吃猫的功能；不能通过转基因技术使生物具有了无限放大的本物种即具有的功能；等等。虽然这里所举的例子有的在现有技术条件下并未实现，但在理论上不排除在将来是可能实现的。所以，尊重自然原则也应该包括这方面的要求。另外，在此需要指出的是，尊重自然原则的第二个层面的要求可以允许一个例外，即出于医疗目的可以突破这个层面的要求。

总之，只有尊重自然，转基因才可能实现可持续发展。而且尊重自然的要求不只是来自技术层面，也来自社会层面的安全性考虑，比如，我们现在听到一些“本商品 100% 自然”的宣传广告，这反映了社会公众对“自然”的依赖与追求。如果转基因的发展违背“自然”的原则，势必会影响它的发展方向。

（二）预防风险原则

生物转基因技术的使用不比其他寻常的技术，不论对环境还是对人类的身体健康，它造成危害的潜伏时间比较长，可能是几年，也可能是几十年。也就是说，它的风险具有不确定性，所以，人类应该有防患于未然的意识，在科学没有给出最终结论前，应当采取各种措施对转基因技术的使用加以防范，以防止使用过程中由于没有考虑周全而导致伤害的发生。换言之，在转基因技术及其产品的安全性没有确定之间，人类明智的选择就是尊重自然，否则，转基因技术就不可能得到持续发展。因此，从转基因可持续发展的角度看，预防风险的原则就是尊重自然原则的具体化。

预防风险的原则适用于两种情况：（1）有证据表明某项转基因技术的研发与推广有可能给人类的生命健康或自然环境造成伤害，那么，在研发与推广此项转基因技术时就要采取积极的预防措施。（2）没有证据表明某项转基因技术的研发与推广必然不会造成伤害，那么，就应该采取预防措施。从预防风险原则适用的这两种情况可看出，此原则的价值理念是，在考虑转基因问题时，预防转基因带来的风险要优先于转基因带来的收益。

预防风险的原则已经得到了国际社会的认可，比如，《卡塔赫纳生物安全议定书》从头至尾都坚持这一原则，并明确提出“即使在没有科学证据证明人类的行为确实会发生环境损害的情况下，国家和社会也应当采取预防措施，防止可能损害的发生”〔1〕。作为国际社会认可的一项原则，它必然对这方面的国际关系产生一定的影响。

（三）正义原则

正义原则既是伦理、法律领域的一项基本原则，也是其他社会生活领域的一项基本原则。其目标是实现不同利益主体之间的权利、利益与责任平衡，从而达到社会的和谐与稳定。正义原则也是转基因可持续发展应坚持的原则。

从正义的利益主体来看，前面所说的平衡包括两个方面：一个是当代不同利益主体之间的平衡，另一个是当代人与下一代人之间的平衡。前者即人

---

〔1〕 吴秋凤：《转基因农业可持续发展的伦理原则》，载《学术论坛》，2009 年第 2 期，第 24—26 页。

们所说的代内正义，后者即代际正义。可持续发展从思维方式来看是一种眼光长远的思维，既要着眼于当前的发展，又要着眼于未来的发展，既要着眼于当代人的发展，又要着眼于下一代人的发展。转基因可持续发展也是如此。如果当代不同利益主体之间不能实现正义，转基因的可持续发展就会受到影响。同样，如果不能实现当代人与下一代人之间的正义，转基因的发展就不是可持续的。因此，转基因要实现可持续发展必须坚持正义原则。

转基因可持续发展应坚持正义原则从正义平衡的内容可看得更清楚。正义的平衡是在两个维度上说的，第一个维度是不同利益主体在资源分配、利益分享和风险承担方面的平衡。比如，资源是不是按照正义的标准在不同利益主体之间分配，承担的风险责任是不是按照正义的标准划分的。第二个维度是资源分配、利益分享和风险承担三者之间是不是相匹配与相协调，即平时人们所说的权利与义务、责任要一致。

由于转基因技术的发展与应用程度的不平衡，也由于当前各种相关制度的不完善，转基因发展出现了垄断性的特点，造成了转基因发展的代内不正义。第一，跨国公司借助垄断地位必然要获得垄断利润。如果处理不当，必然会对转基因技术输入国的生产造成冲击，引起当地农民对转基因作物的抵触与排斥。印度棉农焚烧转基因棉花就是一例。第二，转基因技术的垄断与国际化推广会不会进一步加剧发展中国家对发达国家的依赖与依附。这也是人们所忧虑的。第三，谁是转基因发展的风险承担者，谁是真正受益者？由于转基因产品“物美价廉”，其消费者主要是不发达国家与世界上的贫穷者。比如在美国，沃尔玛超市所售的牛奶要比与它相邻的 VONS 超市的牛奶便宜得多，两者的差别在于 VONS 超市售卖的牛奶标有“有机”字样。这些都是转基因可持续发展过程中代内分配正义的问题，都涉及转基因资源分配、利益分享和风险承担的平衡。

此外，在转基因安全问题上，现在多数人秉持的观点是，转基因技术给环境、转基因食品给人体带来的影响可能要潜伏几十年甚至几代人之后才会显现。如果这一观点是正确的，那么，当代人享受了转基因发展带来的福利，等到不利后果出现之时，却由后代人来为我们埋单。当代人享受，后代人来埋单，这显然是违背正义原则的，也是人们不可接受的。

转基因在发展过程中，这些代内正义问题与代际正义问题处理得不好，必然会影响转基因的可持续发展，所以，转基因的可持续发展必须坚持正义原则。如果说尊重自然的原则、预防风险的原则主要是从技术本身的角度来谈论转基因可持续发展应坚持的原则，那么，正义原则则主要是从社会角度着眼的。这三个原则共同保证着转基因的可持续发展。

可持续发展是人类命运共同体的要求，转基因的可持续发展也是人类的美好追求。因此在处理转基因全球问题时，人类应该秉持可持续发展理念，坚持尊重自然的原则、预防风险的原则、正义原则等，在建立相关国际制度与全球秩序时贯穿这些原则。

三、共同但有区别的责任原则

前面我们谈到，转基因的可持续发展应坚持尊重自然、预防风险、正义等原则。其中，正义原则涉及转基因资源分配、利益分享与风险承担等方面内容。这一原则在责任承担方面就是要坚持共同但有区别的责任原则。由于在转基因可持续发展中，责任主要是基于转基因生物安全而来的，下面，我们就探讨转基因生物安全方面的正义原则——共同但有区别的责任原则。

（一）共同但有区别责任原则适用于转基因生物安全

共同但有区别的责任原则我们在第二章已有所介绍。此原则是人类环境意识觉醒的产物。人类在治理与防治环境污染的过程中，逐渐认识到发展与环境保护之间存在着矛盾，因此，发展中国家与发达国家在治理和保护环境中的责任应该是不同的。这一认识反映在1972年《人类环境宣言》中，这就是“区别责任”的雏形。到了20世纪90年代，全球环境进一步恶化，严重挑战着人类的生存质量，此时人类社会深刻地认识到人类必须彻底、根本地防治与改善环境，并且这一责任是全球的共同责任，而不是哪一个国家或地区、哪一个个人或民间组织的责任。此时，虽然发展中国家与发达国家之间的发展水平依然存在着差距，但许多发展中国家的经济已得到了巨大发展，因此也有能力来承担相应的环境责任。于是，这一年里约国际会议正式提出共同但有区别的责任原则，明确声明：“鉴于导致全球环境退化的各种不同因素，各国负有共同但有区别的责任。”此后，共同但有区别的责任原则便成为人类在保护环境时共同遵守的一项正式原则。这一原则的提出表明各国、各民族认识到人类已经处在命运共同体之中，展现了各国、各民族在全球问题上的共同追求与相互合作、携手共进的良好愿望。这一原则在此后的实践中得到了继续发展。1997年的《京都议定书》继续坚持这一原则并有所发展。

共同但有区别责任原则虽然诞生于国际环境保护领域，但是它同样适用于转基因生物安全领域。其一，像臭氧层破坏、水资源污染等一样，转基因生物安全是生态环境问题中的具体一项。更重要的是，在环境方面转基因问题主要涉及的是生物多样性，生态系统的平衡性、整体性等问题。其二，像其他环境问题一样，转基因安全直接影响整个人类的生存与发展，因此，它也是一个全球问题，而不是哪一个国家、地区、个人或组织的事情。其三，任何成员相关活动的不利后果必然要由整个人类来承担，而不是行为者独自来承担，同样，此问题解决的好坏也影响着每一个成员，因此，它的解决也需要全体成员的共同参与和努力，即每个成员在这方面都应该承担一定的责任与义务，都是责任主体。其四，像其他环境问题一样，各责任主体对环境的影响能力和影响程度不同。在对环境的影响上，刚开始时工业化程度高的国家与地区对环境恶化的影响就要大于工业化程度低的国家，但到了最近，工业化程度低的国家与地区，其对环境的影响又要大一些。今天的转基因问题处于相似的境遇，转基因活动主要存在于转基因技术发展水平相对高的国家和地区。而且，在防止转基因不利事件发生方面，由于转基因技术、经济发展水平存在着差异，各国的能力不同。此外，各国所处的发展阶段不同，当前的发展任务也不同。

在转基因生物安全方面，共同但有区别责任原则的内容主要有两个方面。第一个方面是全球各个国家和地区、国际组织、非政府组织、企业、跨国公司、个人等（后简称为“责任主体”），均对转基因生物安全负有不可推卸的责任。第二个方面是各责任主体“负有区别的责任”。“区别”就是根据各责任主体的实际情况来确定其应负责任的范围、大小。在确定各责任主体的责任时不仅要考虑各责任主体开展转基因活动的程度，而且要考虑各责任主体的实际能力、当前的发展阶段与主要发展任务。唯有如此，才能真正体现全球一家的团结、合作、互助精神。目前，转基因农作物的推广主要在美国等发达国家和部分发展中国家，其他发展中国家由于自身条件的限制，对于这一技术的使用并不是很充分。所以，全球各责任主体在转基因生物技术的使用上负有共同责任的同时，发达国家较之发展中国家应承担更大的或者主要的责任。“共同的责任”意味着只要处于地球这个人类命运共同体内的国家，不论本国发展程度、强弱如何，都必须肩负起此责任，在一定意义可以说，它更强调“参与”与合作的意识和精神。但是“共同的责任”并不意味着各责任主体的义务是完全一样的，相反，各责任主体根据自己的具体情况而承担的具体责任与义务是有差异的。这就是“有区别的责任原则”。

换言之，共同责任和有区别的责任是一个有机体，二者不能分开来独立适用。虽然二者在实践中不分先后，不能割裂，但在逻辑上二者还是有先后的。一般来说，共同责任先于有区别的责任，即所有责任主体对转基因生物安全都要承担责任。在这一前提下才是有区别的责任。有区别的责任是个体正义的要求与体现。只有它与共同的责任原则结合起来，才彰显了全球正义。有人认为，共同责任是前提，有区别的责任既是对共同责任的限定，也是实现共同责任的重要手段。不管怎么说，共同但有区别的责任原则体现了两种不同价值取向的结合——既是对普遍主义的肯定，又是对特殊主义的强调，实现了真正的全球正义。

下面我们讨论一下共同但有区别的责任原则在转基因生物安全方面的具体内容。

（二）共同的责任

共同的责任在转基因生物安全方面包括安全责任、法律建设的责任、政府的监督管理责任等。

1. 安全责任。安全责任是每个责任主体都必须担负的，而不论此责任主体是否进行了转基因技术的研发与应用、推广活动，这些活动是否产生了不利后果。换言之，即使某一责任主体（个人或组织）没有进行这方面的活动，也要承担此责任，此时他或它不只是以潜在的责任主体而存在，还是一个现实的责任主体，比如，知悉有人进行这方面活动，他或它应在安全方面提供力所能及的帮助。共同的安全责任更不允许任何责任主体只享受转基因技术带来的好处，比如粮食的增产和产品营养价值的改善，而不承担自己应承担的责任。这就是说，各责任主体在安全责任方面要有长远意识、全局意识、共同体意识。原因就是前面反复强调的：转基因技术是新兴技术，它的研究与应用、推广可能会造成环境的污染，打破自然界原有的生态，诱发一系列的生态问题。所以，对转基因技术的研发与应用、推广过程中的安全风险，每一个国家应当给予足够的重视，把安全放在首位。这既是对本国人民生命安全负责任的表现，也是对人类社会负责任的表现。在全球化时代，全球人民构成了一个人类命运共同体，一损俱损，一荣俱荣。所以，不论是发达国家，还是发展中国家，都要把好本国使用转基因技术的关，不能出任何差错。

需要强调的是，这种安全责任不只适用于具有主权的国家，也适用于每个社会组织（包括跨国公司）与个人。尤其是跨国公司，在推动转基因技术发展的同时，要考虑转基因发展可能带来的安全风险，并切实履行好自己的责任，采取预防措施。现实中，一些国家与跨国公司为了自己的政治利益、经济利益而罔顾这方面的责任，或者放松本国的管理，或者将转基因技术的应用转移至其他国家。这都是安全共同责任不允许的。

2. 法律建设的责任。从微观层面看，法律对人的行为起着指引作用，同时作为一种行为准则，它又具有判断、衡量某种行为合法与否的评价功能。从宏观层面看，法律是国家治理不可或缺的工具，也是国际社会开展合作、应对共同难题、采取共同行动、实现和平的有力保障。而且，法律作为治理社会的有效手段，一个重要的优点是它是一种有效的监督手段。转基因生物安全问题的解决单纯靠人的监督是远远不够的，还必须有法律这种硬性的监督手段。如此，各个方面的共同责任才能得到真正的落实。总之，法律是人类应对转基因生物安全问题必不可少的武器。但是，由于转基因技术是一门新兴技术，在这方面的法律法规建设还相对滞后，很多国家在这方面至今没有专门的、健全的法律监督与管理制度。所以，每个国家必须重视转基因方面的立法工作，建立专门的转基因监督管理法律制度。这是对本国人民负责的表现，也是对全球人民负责的表现。

各国除了要承担本国法律制度建设的责任外，还应采取合作的态度，与其他国家积极合作，建设转基因监督管理的国际法律制度。这是承担共同责任的要求。在国际事务中，经常有一些国家不愿意履行自己的责任而拒绝国际法律制度的建设，《京都议定书》《巴黎协议》的签订过程就说明了这一点。在转基因生物安全方面，至今仍有一些国家拒绝签署《卡塔赫纳生物安全协议》，这都是不承担转基因问题共同责任的表现。

3. 政府的监督管理责任。这既是对本国人民负责的表现，也是对国际社会、对全人类负责的表现。今天，欧盟公众反对转基因食品的一个原因就是欧盟民众对欧盟监管能力与监管的忠诚度不信任。转基因食品刚上市不久，欧盟曾接二连三地爆发了其他食品安全事件，民众对欧盟的信任度急剧下降。所以，欧盟现在对转基因食品采取了非常严格的标准。与欧盟情况不同，美国在转基因食品监管方面的做法受到了一些人的批评。转基因作物在美国得到商业化推广是通过 20 世纪 90 年代初美国推行简化手续（red-tape-cutting）的办法实现的。这项法案是由前副总统丹·奎尔起草的。当时美国的食物与药品管理局在新的基因改良农作物的批准的声明中声称，他们相信生物科技企业已经进行了必要的检测，也相信他们遵守了现行的安全法，而政府部门自己是不会做任何检测的。在奎尔立法中，保证农作物安全的安全检测和科学评估都是必须省掉的烦琐手续。换言之，美国政府是不会对转基因食品做任何检测的，对转基因食品的检测与安全评估完全由企业自己完成，但事实上，转基因农作物的安全研究有时候根本没有进行[1]。

（三）区别的责任

各责任主体虽然对转基因的发展负有共同的责任，但在各责任主体之间的责任分担不应该是平均的。责任主体包括全球各个国家和地区、国际组织、非政府组织、企业、跨国公司、个人等，而这些主体在当前国际法律制度下的地位、性质、权能等都是不同的。比如，个人与政府在履行责任方面的能力明显不同，非政府组织与跨国公司由于组织性质、行动目标等的不同具体承担的责任也应不同。所以，在此对所有主体都予以讨论显然不合适，我们将以国家作为最重要的主体来展开讨论。当前，除个别正快速发展的发展中国家如中国外，大部分发展中国家转基因技术的研发还处于起步、探索阶段，与此不同，大部分发达国家的技术水平相对来说处在世界前列。从推广、应用的角度来看，这些国家之间也存在着差异。美国、加拿大、澳大利亚、巴西、阿根廷等国家对转基因技术的应用已覆盖生活的方方面面，对转基因技术的使用占全世界的70%多。所以，在转基因技术的使用上如果采取一致的标准必然忽视“实现持续经济增长和消除贫困的正当的优先需要”这一理念，必然损害大多数落后国家和贫困人民的直接利益。比如，发达国家人民的生活水平和还处在战乱中的国家的人民生活水平存在着很大的距离，如果让他们负有相同的责任，显然有失公平。从国际环境法看，区别责任的存在主要有两个理由：一是，发达国家从转基因技术研发与应用、推广中受益最大是不言而喻的，因此它们承担更多的责任也是理所应当的。二是，迫于发展中国家的压力，发达国家也不得不承认他们在探索、使用转基因技术的过程中，给全球环境带来的压力，而且这也是不可否认的客观事实。国外一些学者认为，区别责任是基于道义或政治上的需要，不应当被看作发达国

〔1〕［英］拉吉·帕特尔：《粮食战争》，郭国玺、程剑峰译，北京：东方出版社2008年版，第97页。

家对发展中国家的施舍。从“施舍”的角度来看，这种看法是成立的，但基于“道义”则是不完全正确的。我们认为，区别责任有道义的考量在内，但更大程度上是由各个国家、地区在使用转基因技术过程中造成的危害和受益程度决定的，这是对全人类负责任的不二选择。无论如何，各个国家由于发展阶段不同，使用转基因技术的能力和水平不同，所承担的责任也应当不相同。发达国家在此问题上承担比发展中国家更多的责任是非常合理的，这样不仅能够激励发展中国家参与转基因事务的热情，在一定程度上还有利于发展中国家经济水平的提高、缓解其国内的各种矛盾。

至于区别责任在国家层面的具体内容，由于现实的差异我们无法具体、详细地谈论，只能作笼统的提示：在责任承担上应有主要责任与次要责任、责任大小之分；转基因技术发达国家向不发达国家提供有关技术帮助与培训；发达国家向贫困国家提供资金帮助；转基因产品出口国严格履行有关的国际义务；本地生态环境不佳的国家或地区负有更多的不推广或少推广转基因作物的责任；等等。

总而言之，共同但有区别的责任原则事实根据是：(1) 转基因技术是新兴的技术，具有双刃剑的特点，它在给人类带来福祉的同时，也可能带来一些无法估量的危害。(2) 它可能带来的危害是一个全球性问题，需要全球共同应对。(3) 由于各个国家转基因技术的发展水平不同、接受程度不同，所以，各个国家通过转基因所获得的收益与发展转基因给地球造成的危害也不同。(4) 由于各个国家的经济发展水平、本地生态环境的承载能力不同，它们承担责任的能力也不同。所以，从目标与现实出发，各个国家负有共同但又有区别的责任是解决转基因生物安全全球问题的最佳选择。所有国家和地区，包括跨国公司都应承担基本的转基因生物安全责任，但是，应依据各个国家对转基因技术使用的具体情况，以及承担责任的能力来确定其责任的大小。一般而言，发达国家应该在转基因问题上承担主要责任，发展中国家承担次要责任。

第二节　科学家的生命伦理责任原则

在现代社会，科学技术已经渗透到人类生活的方方面面，成为人类社会进步的决定性力量之一，离开了科学技术，人类的生活难以想象。然而，就在科学技术一路高歌猛进的时候，它也使人类遭受了种种灾难，从而使科学家们常常在无情的事实面前遭受精神与肉体、道德与良知的煎熬。诚然，科学家最有能力预测和评估科学技术应用的前景，但真正左右科学技术如何应用的却是有权力的人或组织，虽然这些人或组织不懂科学技术的研究、设计，但他们可以选择、支配。因此，科学家的伦理责任就显得至关重要，可以说科学家的伦理责任是决定科学技术能否更好服务于人类的重要因素。我国对科技伦理问题的研究始于20世纪90年代，对科学工作者的伦理责任的研究则起步更晚，人们在科学家的伦理责任问题的看法上也是仁者见仁，智者见智。在转基因技术快速发展和广泛应用的时代，我们必须重视转基因科学家的伦理责任问题，这是对生命负责的体现。

需要说明的是，本节对从事科学研究活动的人员不做专业水平上的区分，而是将所有从事科学研究活动的人员统称为科学家。一是因为这些人员的社会伦理责任是相同的，不能说某个人员的科研水平高或低，在承担社会伦理责任方面就应当享有特权。二是为了下文叙述的方便。

一、科学家的基本伦理精神

在讨论转基因科学家的伦理责任之前，应该先明白科学家的基本伦理精神是什么。

求真和求善是科学家的基本伦理精神。今天人类的生活已经无法离开科学。科学活动的核心内涵是求真、求善，其最终使命是实现真、善、美的统一。求真是科学的目标之一，通过科学人们可以把握世界的真实面目、认识宇宙的客观规律，这是人类获得自由与全面发展的必然途径。求善是科学的又一目标，这是因为科学能满足人类改造世界的需要，为人类谋取多方面的福利，促进社会和人类的全面发展。不言而喻，所有科学活动都是人的活动，所以，科学的求真、求善的实现一定程度上与科学家的个人品质密切相关，是科学家的良知体现。求真是人的基本精神需求，也是哲学家（科学家）的需求与追求。亚里士多德说："求知不仅对哲学家是最快乐的事，而且对一般人来说，无论他们的求知能力多么小，也依然是一件最大的乐事。"追求真理也给拉美特里带来了快乐，他说："至于我，是向自然学习，是只爱真理的，哪怕只是真理的一个影子，也使我感到欢欣鼓舞，胜过一切给人带来荣华富贵的谬误。"[1]正是由于有强烈的求真精神和欲望，科学事业才

---

〔1〕 转自李文成：《论精神生产》，郑州：河南人民出版社1988年版，第74页。

会对这些哲学家（科学家）们而言显得无比崇高，这些哲学家（科学家）们才会把认识真理作为自己的、人类的崇高理想和奋斗目标。时至今日，经过历史的积淀，“不懈探求真理，坚持真理，为真理献身”的科学精神已成为科学工作者这个群体在从事科学技术研究活动时的基本伦理精神与行为规范。纵观人类科技发展的历史，科学技术的发展能够取得今天的成就离不开这种求真的科学精神的激励与约束，离不开诸如哥白尼、布鲁诺等为了坚持真理而献身的科学家。而且，他们在追求真理的同时也促进了人类生活质量的提高，即提升了人类的幸福感，推动人类社会的进步。这后一点则涉及科学家的科学活动的求善目的。

科学家有求真的冲动与理性追求，亦有求善的愿望与道德追求。在科学家的精神世界里，认识世界、掌握真理是他们的追求，但他们更大的希望是，运用自己的认识改造世界，使这个世界变得更加美好，更加符合人类的生活追求。因此，从本质上讲，科学是真与善的统一，是物的尺度与人的尺度的统一。有目共睹的是，人类从蒙昧的发展阶段到当今的世界一体化、经济全球化，都离不开科学技术的长足进步。而且，科学、科学技术不仅是客观物质世界发展的推动力量，它也体现着、促进着人类的自我完善和自我发展，因此可以说它也是人类本质力量的丰富实现。爱因斯坦认为：“一切宗教、艺术和科学都是同一株树的各个分枝。所有这些都是为着使人类的生活趋于高尚，把它从单纯的生理上的生存的境界提高，并且把个人导向自由。”[1]这些都说明了科学对于人类生活质量的提高，对于人类本质力量的丰富有着非凡的意义。一般而言，科学家在从事科学活动时都自觉做到求真与求善的统一——在尊重自然规律的前提下，通过认识自然、改造自然为人类的发展谋取更多的福利。

但是，这里存在两个问题。一个是有些科学家并不具备这种求真与求善相统一的品质。这种科学家从严格意义上来讲并不是真正的科学家，而是伪科学家。另一个是，人类之善在不同的社会历史阶段有着不同的含义与标准，科学家所追求的善应该随着历史条件的发展而变化。我们主要来看第二个问题。在古希腊柏拉图、亚里士多德时代，科学的真与善是完全统一的。比如，亚里士多德就认为人类的幸福就是灵魂合德性的实现活动。所谓“灵

---

〔1〕［美］爱因斯坦：《爱因斯坦文集》（第三卷），许良英等编译，北京：商务印书馆 1979 年版，第 149 页。

魂合德性的实现活动”就是人类理性对物质世界与人类社会生活之真理的把握。可见，在这里真即善，善即真。但是，到了 17 世纪，由于受宗教文化的影响，科学家们对“善”有了不同的理解。他们认为科学的最大善就是推进人类知识，以此“颂扬上帝并造福于人类之安逸”。从 19 世纪后半叶起，科学研究逐渐朝着职业化和建制化的方向发展，这些职业科学家和科学团体不再以“颂扬上帝”为科学活动的目的，而是将探索世界、追求真理以改善人类的生活和社会条件作为最高的道德准则。在此“去上帝化”、职业化发展过程中，科学家群体中逐渐出现了“科学价值中立”的信条。这些变化导致了一些问题。比如，有些职业科学家从事科研活动时丧失了“善”的考量，在“科学价值中立”的旗号下从事一些不应当从事的科研活动，或者为了自己或小团体的利益而推广一些不应当推广的科研成果。再比如，在“科学价值中立”口号的激励下形成了一种盲目的科技乐观主义。人类为此付出了惨痛的代价。20 世纪的两次世界大战把人类从科学乐观主义的幻想中彻底打醒。人们认识到，科学研究不只是科学家满足自己“好奇心”的私人事情，它更是整个人类社会的事情：科学家在从事科研活动时必须承担起对人类社会的责任，考虑国家的安危与人类的福祉；科学活动必须符合善的标准。1955 年 4 月，英国的著名哲学家、数学家罗素与 20 世纪最伟大的物理学家爱因斯坦签订了《罗素—爱因斯坦宣言》。该《宣言》告诫人类：“科学的应用应有益于人类的生存和社会福利的改善。”这一认识是 20 世纪给人类的经验教训与历史遗产，也应是现代科学追求的最高的善的境界。

但是，当今一些科研工作者好像并没有汲取这一历史教训与历史遗产，科学家的基本伦理精神在当前似乎受到了某些伪科学家的挑战。如果不考虑当今的科研制度与一些社会制度方面的原因，那么，这种挑战看起来是由于这些伪科学家的“私心”在作祟，是这些伪科学家的求善精神的丧失（甚至是求真精神的丧失）。其实，“私心”作祟、基本伦理精神的丧失都是由当前的科学研究制度与一些社会制度不合理造成的。科学技术在任何时代，或者对解决人类基本生存的需要，或者对人类精神层面的提升，或者在这两方面都有着巨大的作用。这一作用在当今尤其明显。在商品经济社会，尤其在市场经济社会，科学技术的这一功用便以巨大的社会应用价值，即经济价值或商业价值的面目呈现出来。换言之，在现有的社会体制与科研制度下，科技和其他各行各业一样，都被商业化、利益化了。与此同时，一些从事科学研究的人员不再是亚里士多德所说的那样——单纯按照自己的意愿，只是出于自己的好奇心——进行科学活动，而是在从事科学活动时抱着一定的功利目的——获取一定的利益。这里的利益可以是经济物质利益，也可以是荣誉、话语权力等精神利益，还可以是权力、仕途等政治利益。

此外，科研活动的商业化、利益化与前面所说的科学研究职业化密切相关。二者相互推动，相互要求。职业化要求利益化、商业化，利益化、商业化要求职业化。科学家只是众多职业中的一种职业。某一个科学家或是在相关部门任职，或是受雇于某个企业。这在一定程度上冲击着、改变着科学家从事科学活动的动机。一些科学家并不会考虑科学活动的基本追求与基本伦理精神——求真、至善，而是关注科学活动及其成果所带来的利益。对一些科学家而言，科学活动只是一份工作、一个谋生的工具或手段，而不是与人类福祉相关的事业。

近些年，我国出现的一些科研越轨现象就是明证。有些科学家可能为了私人利益，置科学家基本伦理精神于不顾，而在科研活动中不择手段，比如剽窃他人的科研成果、捏造虚假科研数据、违背科研职业道德从事一些不应从事的科研活动，等等。2012 年 12 月，我国转基因食品安全领域发生的"黄金大米"人体试验事件，入选为当年我国卫生领域十大新闻之一。这一事件激起国人对转基因食品安全问题的热烈讨论。此次试验中科学家的违规行为——有些研究者以单位的名义弄虚作假，盖假公章伪造伦理审查的事件——也受到人们的广泛关注。究其原因，此次事件中这些研究者"秘密"进行实验，不排除就是为了写出关于"黄金大米"人体试验的论文，作出成果。

"黄金大米"人体试验事件说明科学家在面对利益的诱惑时要保持清醒的头脑，要有科学家的伦理素养，坚守科学活动的基本伦理精神，承担起伦理责任，也说明科学家作为一种职业，不是普通的职业，而是和责任、人类的福祉紧密联系在一起的伟大职业。科学家要有自愿承担社会责任的意识。各个职业活动都要有责任担当，但这对科学活动尤为重要，因为科学活动是人类社会发展的基础动力之一，而且在科学领域忽视责任有时要比在其他领域造成的后果更严重、损失更重大。不同的职业活动，其责任的具体内容与根本宗旨不同。对科学活动而言，它的具体内容与根本宗旨就是求真与求善的统一。在我国"黄金大米"人体事件中，个别科学家是严重违背科学家的责任伦理精神的，既没有对被试儿童之善的责任意识，也没有对人类之善的责任意识，换言之，这种行为就是对人的生命安全和尊严的藐视，对国家相关法律法规的漠视。

一方面，科学家应该具有基本的伦理精神与责任意识，另一方面，科学活动的职业化、商业化又容易滋生一些伪科学家。解决这一问题的目标当然是使科学家的基本的伦理精神回归，像最初的亚里士多德或 17 世纪的科学家们那样，把对科学的追求当作最神圣的事业，同时实现真与善的统一。但是，解决这一问题的途径却不能是科学去职业化、去商业化。因为科学的职业化、商业化是历史发展的结果，为科技进步与人类福祉的增进作出了巨大贡献，今天我们不能因噎废食，逆历史潮流而动，我们应加强科学家基本伦理精神的培育与职业道德的建设，使基本的伦理精神成为科学家的自觉追求。

二、生命科学家的社会伦理责任

为了保证科学活动健康发展，科学家除了应该具备特定的伦理精神外，还应该承担特定的社会伦理责任。在转基因问题上亦如此。现实中，转基因技术人员有时也被称为生命科学家，尽管二者不完全相同，在此我们暂用生命科学家来指称所有从事转基因技术研究活动的人员。为了探讨生命科学家的社会伦理责任，我们先讨论一般科学家的社会伦理责任。

（一）科学家的社会伦理责任

科学家的社会伦理责任，是一个有历史的话题。20 世纪 30 年代，以英国科学家贝尔纳为首的科学家们第一次提出了“科学家的社会责任”这一问题。“二战”期间，科学活动成了战争的“帮手”。科学研究的成果被首先应用于军事领域，即战争领域。而且，一些科学研究围绕着战争来进行，甚至成了国家秘密与军事秘密。在科学家的参与下，坦克、大炮等迅速成为现代化武器，其杀伤力前所未有，给人类带来了前所未有的灾难，也给科学家们的良知带来了强烈的震撼，尤其是当时最新的核技术没有用于民生领域、造福人类，而是用于制造原子弹。原子弹在日本的广岛和长崎爆炸造成巨大灾难，显示出恐怖的巨大威力，更是震撼着科学家们的良知。第二次世界大战结束以后，许多科学家对此进行了深刻的反思，科学家的社会责任问题由此而引起了科学界的重视。经过这次讨论，科学家共同体深刻地意识到了自身的“社会责任”。与此同时，我国科学家们对科学家的社会责任也进行了深入的反思，并最终在科技活动方面达成了一些共识：科学技术不是孤立于人类社会的，科学家作为科学技术生产者，必须遵守相应的道德规范，承担相应的伦理责任。具体包括以下几方面：

职业道德。职业道德是为了适应各种职业生活的要求而产生的道德规范，同时也是人们在履行本职工作过程中必须遵循的行为规范和行为准则[1]。职业道德是一个复杂的概念，它包括职业观念、职业情感、职业理想、职业态度、职业技能、职业纪律和职业良心、职业作风等多方面的内容。其中，职业良心是职业道德的重要内容，因为职业良心影响着人们对职业生活目标的确立和对职业道路的选择，同时在一定程度上也影响着人们的人生观和道德理想。科学家要有职业道德，首先是因为职业道德是一个社会精神文明发展程度的突出标志，是社会道德体系的重要组成部分。一个人的道德品格和道德境界，往往是通过自己的工作表现出来的。职业道德的有无、高低标志着一个社会发展的文明程度。古希腊的哲学家柏拉图认为，只要社会上从事各种职业的人各尽其责、各司其职，社会就是正义的。所以，每个人根据自己所从事的职业，做自己的分内之事，完成所从事的工作，那么这个国家就会和谐，就会实现完善的发展而达于善理念的幸福。其次，职业道德是发展物质生产、提高工作效率的精神动力，如果每个生产者在从事相应的工作时都能按职业道德的要求，树立崇高的职业理想和职业规范，做一个有责任感的人，通过各种正当方式提高自己的职业技能和工作水平，同时处理好和其他人的关系，彼此相互支持，通力合作，这样就会提高劳动力水平，从而促进生产力的提升，最终带动其他产业的发展，促进整个社会的良性发展。最后，职业道德也是提高科学家素质、完善科学家人格、促使人的价值得以实现的重要形式。一个人的生活是由方方面面组成的，职业生活是其中的重要部分，通过职业生活才能体现出一个人对社会所做的贡献，以及人生价值是否实现。同时，通过职业生活一个人也实现了其对社会所应负的责任和承担的义务，从而深刻理解自己的人生意义，巩固和确立正确的人生目标。所以，一个人如果有正确的职业道德，就能形成良好的职业习惯，塑造良好的道德人格和高尚的道德品质，成为一个全面发展的人。

科学家作为一种职业，其在从事科研活动时也应该遵守特有的职业道德。我国是礼仪之邦，在这方面有着丰富的资源。第一，必须以爱人、尊重

[1] 魏英敏：《新伦理学教程》，北京：北京大学出版社2013年版，第347页。

人为科研活动的出发点，树立服务社会的良好意识。我国传统的儒家文化主要以“仁、义、礼、智、信”作为为人处世的基本原则，是一种重视人类群体和大众福利的人本文化。这一原则要求社会各行各业中的从业人员必须有爱人之心，比如，老师要爱学生、医生要爱病人、官吏要爱百姓等。在科学研究职业化、科学技术成为第一生产力的今天，科学家更需要有仁者爱人的胸怀和情怀，把爱人、尊敬人作为自己事业的出发点和落脚点。而且，任何职业都是直接或间接为群众、为社会服务的，只有每个从业者树立起为人服务的职业思想和观念，才能在职业活动中更好地发展自己的聪明才智，实现自己的人生价值，为国家和社会的发展作出自己的贡献。第二，诚实信用、恪尽职守是我国传统职业道德的又一基本原则。从古至今我国都非常强调诚信。孔子说：“民无信不立，信则人任焉。言而无信，不知其可也。”王安石也曾经说：“人无信不立……食言丧志，臣之丑行。”一个人不论从事什么职业，守信是其在职业生活中立于不败之地的基石，比如，如实报告实验数据，不编造实验结果等。“恪尽职守”就是说作为工作人员，要忠实于自己的本职工作，全心全意地履行自己的职业责任和义务，比如遵守实验规则等。科学家在科研活动中也应当遵守恪尽职守的原则，即科学家在进行某些科学实验前要有道德责任感，谨慎选题，尽可能预估风险，比如对转基因技术的使用，科学家就要尽可能地预测这项技术可能存在的风险，以及如何解决这些风险等，这既是科学家的责任也是其作为科学家的义务。还以“黄金大米”事件为例，在进行实验时，科学家要明确告知被试者实验的基本情况，包括实验有哪些步骤、实验应该注意什么事项等，最为重要的是实验会造成哪些可能的危害，让被试者自愿选择是否参加该实验。保证受试者的知情权是对被试者负责任的重要表现，也是科学家恪尽职守的表现。总之，科研工作者在科研活动中同样需要遵守讲求信誉、恪尽职守的道德规范，利用自己所掌握的专业知识与技术服务社会、服务人类。

科学家的社会伦理责任还包括遵守社会公德或对人民负责。关于社会公德，学界至少有两种理解。一种是指人类在长期社会生活实践中逐渐积累起来的最简单、最起码的公共生活规则。这种意义上的社会公德是从人的行为规范、社会秩序的角度来看的，适用的领域是公共场所。如果从公共利益的角度来看，这种意义上的社会公德维护的是和谐的公共秩序，任何一个社会成员都应当遵守，普通市民如此，国家干部如此，科学家亦如此。另一种是指维护、追求与个人事务相对的，国家的、民族的或社会共同利益的道德，就是我们平常所说的要正确处理好“公私”关系。这种意义上的社会公德是从所维护的利益角度来谈的，主要维护的是公共利益。由于公共利益在现实中表现在各个方面，国家安全、食品安全、生态环境等都属于公共利益的范畴，所以，不同社会角色人员的具体社会公德的表现是有差异的。由于当今科学活动已具有了强大的社会功能，所以，这里所说的科学家应遵守社会公德，是在社会公德的第二个意义上讲的，即科学家应当维护而不能损害特定的公共利益。

科学家的这种社会公德，我们也可表述为“对人民群众负责”原则。科研成果投入市场后，其直接的受益人是广大人民群众，同样，如果科研成果存在隐患，受害者依然是广大人民群众，因此科学家的社会伦理责任最主要的就是对广大人民群众负责。我国邱宗仁教授在《生命伦理学》一书中对食品添加剂进行了伦理研究，提出了效用原则、尊重原则、不伤害原则和诚实信用原则等生命伦理的原则。这些原则基本可以涵盖科学家应对人民负什么样的责任。最基本的责任当然是保障人民群众生命的安全。例如，造成负面影响比较大的明胶事件、速生鸡事件等，涉事的产品都对人们的身体健康造成了直接危害。这一系列事件表明，科学家应该坚持对人民群众负责的原则，即尊重人民群众的基本的权利，这些基本权利包括第二章所讨论的生命权、健康权、人格尊严权等。事实上，保证人民群众能够使用安全放心的生活用品就是对其人格、尊严的尊重。所以，科学家作为拥有最先进、最高超技能的专业人士，在每一项实验活动中都要着眼于人民群众，心系大众的安危。

（二）生命科学家应负的伦理责任

生命科学研究的过程是生命科学家求真、务实、至善、求美的过程，科学家研究成果的应用应该造福人类，确保人类公正、合理的持续生存和发展。随着生命科学技术越轨行为越来越多，关于生命科学精神、生命科学研究引发的伦理道德问题、生命科学家社会角色的讨论也越来越多。这些讨论在本质上都是对生命科学家承担的社会伦理责任的讨论。为了保证转基因的健康发展，造福人类，科学家应担负起以下几方面的责任：

1. 生命科学家应该具有对人类负责的意识。20 世纪 70 年代初，生命科学家对重组 DNA 研究的潜在危险进行了科学论证。进入 21 世纪后，由于人类基因组计划和克隆技术在国际上饱受争议，生命科学家的社会责任问题再次成为社会关注的热点。由此生命科学家对他们的责任范围进行了新的思考和定位。首先，生命科学家们必须意识到，他们负有不可推卸的社会责任，要自觉树立起对人类负责的观念。正如爱因斯坦对加州理工学院学生告诫的那样："如果你们想使你们的一生工作有益于人类，那么，你们只懂得应用科学本身是不够的。关心人的本身，应当始终成为一切技术上奋斗的主要目标；关心怎样组织人的劳动和产品分配这样一些尚未解决的重大问题，用以保证我们科学思想的成果会造福于人类，而不致成为祸害。"[1]今天，由于生命科学家一方面是科学技术的发明者、生产者，另一方面具有生命科学的专业知识，能够预测和评估生命科学发展所带来的种种后果，所以，他们应该对人类负责任。同时，生命科学家作为社会发展的直接推动者，一般会参与一些重大的社会决策，因此他们的意见往往会影响社会的决策，进而影响科学技术与社会的发展方向。第一章所说的美国斯坦福大学伯格教授的事例就是活生生的教材。当其他人还在为 DNA 重组技术取得的重大突破而欢欣鼓舞的时候，伯格教授敏锐地意识到基因重组技术可能给人类带来难以预料的后果，毅然暂停他的实验，与其他生命科学家一起公开呼吁要注意重组基因的潜在危险。这个事例生动地诠释了生命科学家在从事转基因研发和推广的过程中，对人类、对生命负责的观念。此外，随着生命科学技术的迅猛发展，生命科学家作为掌握科学技术的关键人员，无论在当代的社会生活中还是在未来的社会生活中都发挥着越来越重要的作用，承担的社会责任也会越来越重。

2. 生命科学家要以尊重生命，维护人类尊严为科学研究的出发点与目的。回顾科学技术发展的历史，我们发现，曾几何时科学家在从事科学研究时自由地、不受任何干预地探索一切自然规律，只要在他们"好奇心"的范围之内，他们都可去探索、研究。这种科学自由极大地促进了科学技术的发展。可以说，科学自由的原则对时至今日人类所取得的科技成就功不可没。但是，随着科学技术的发展，尤其是生命科学技术的发展，很多科学研究已经危及人类的尊严和人格。德国哲学家康德曾经说，人是目的，在任何时候要被看成是目的，永远不能只看成是手段[2]。康德的这句话虽然在强调人

---

〔1〕［美］爱因斯坦：《爱因斯坦文集》（第三卷），许良英等编译，北京：商务印书馆 1979 年版，第73 页。

〔2〕［德］康德：《道德形而上学原理》，苗力田译，上海：上海人民出版社 1986 年版，第 81 页。

的理性主体自由，但也包含着人是主体、要把人当作人来看待的思想与人是完美的、神圣的的思想。今天的转基因技术的发展实际上已对康德的尊严观构成了严峻的挑战。在转基因技术领域里，一方面，人类的生命是一个可改变、可操作的对象，另一方面，人不是完美的因而是需要改变的对象。这样人就丧失了他的崇高性，再者，生命科学的研究并不是以人为目的的，相反却是以毁灭人或危害人的存在为后果的（虽然生命科学家并不一定有这样的主观目的）。面对这种情况，科学家的伦理责任也必须与时俱进，担负起它的时代使命。马克思曾说："全部人类历史的第一个前提无疑是有生命的个人的存在。"生命的存在是人类存在的前提。人类要生存与发展，第一个前提就是要维护人类生命的存在，尊重人类生命的特性。因此，科学研究如果可能危及人类的生存和尊严、破坏生态的平衡、扰乱物种多样性，科学家就应该像伯格教授那样毅然决然地停止研究，并及时向社会公开研究的潜在危害，从而维护人类的尊严。伯格教授所坚持的精神与行为规范已成为1984年在瑞典乌普萨拉制定的"科学家伦理规范"的内容：当科学家断定所参加的研究与伦理规范相冲突时，应该立即中断所进行的研究，并公开声明作出判断时应该考虑不利结果的可能性和严重性[1]。时至今日，这一伦理规范成为国际社会认可的科学家伦理规范。比如，克隆技术虽然已经成熟，但是世界各国的科学家们都反对克隆技术的滥用。在克隆问题上我国一贯反对生殖性克隆，允许治疗性克隆。国际社会之所以反对生殖性克隆是因为生殖性克隆违反人类繁衍的自然法则，损害人类的尊严，并会引起严重的道德、伦理、社会和法律问题。今天，掌握转基因技术的科学家应当以此为鉴，在进行转基因研究时要充分维护生命的尊严，使转基因技术造福人类。

3. 生命科学家必须以保护人类环境，维护生态平衡作为转基因研发与应用的前提条件。在20世纪的工业化进程中，科技的高速发展给许多国家和地区创造了丰富的经济财富，许多地区的医疗卫生、教育条件也随之得到了极大的改善。但是，在这个过程中各个国家都致力于本国经济的发展，只是单纯地从经济利益出发，而忽视了工业化造成的环境污染问题。环境保护主义者对此提出尖锐的批评。他们指出，虽然经济、科技的快速发展在预防和控制疾病方面给人类带来了巨大的进步，但是这种工业化发展所造成的污

---

〔1〕 吴剑飞、贺善侃：《从科技的人文价值看科学家的伦理责任》，载《东华大学学报》（社会科学版），2007年第2期，第117—120页。

染、臭氧层的持续破坏以及全球变暖等环境问题，给人类经济、社会生活造成的影响却是无法估量的。20 世纪 60 年代初，美国女海洋学家雷切尔·卡森出版了《寂静的春天》一书。在此书中她强烈地批评了当时美国滥用杀虫剂的问题。她毫不留情地指出，大量使用 DDT 杀虫剂会严重破坏生态环境，结果就是春天不再具有勃勃生机、万物复苏的景象，而是死寂一片。此书出版后反响强烈，甚至引起美国总统科学顾问委员会的注意。尽管一些农学家和营养学家认为这部作品不真实、偏执，但美国总统科学顾问委员会还是专门成立了一个特别专家小组来调查此事。经过 8 个月的听证，专家小组提出了一份报告，基本上肯定了卡森的意见，并得出结论："大量依靠杀虫剂来消灭某些害虫的想法不仅不现实，而且还会严重破坏生态平衡，对土壤造成严重的危害。因此，减少使用具有持久性毒性的杀虫剂应该是我们的目标。"[1]《寂静的春天》的案例证明，现代科学技术的应用存在着难以预料的风险，科学家在进行科学活动时必须有风险意识。今天，转基因技术所取得的成果令人鼓舞，但是作为专业人士，生命科学家们在从事这方面活动时必须要有保护环境、维护生态平衡的责任意识，警惕其所进行的研究活动对环境、生态可能造成的不利影响。

4. 保证社会公正是生命科学家义不容辞的责任。科技的发展使某些社会领域某些行业产生了"不公平"的社会现象。这种社会不公平有一部分就是由转基因技术的研发、应用带来的，比如前文提到的转基因咖啡豆"抢夺"采摘工人工作的案例。因此，保证社会公正是生命科学家必须承担的责任。即生命科学家应当在增进人类利益，促进生命发展，同时不损害他人利益，致力于消除社会不平等的前提下发展转基因技术，坚决反对利用这些生物技术造成新的社会不平等现象。换言之，科学家在研发、推广转基因技术的时候，应该具有服务全人类的理念，造福全人类的想法，而不是用转基因技术谋取一己私利或个别团体的利益。

总之，在科学研究的过程中，生命科学家要负起应该承担的社会伦理责任，这个责任应从两个方面把握：首先，是一般意义上的科学家责任，即主要包括职业道德、社会公德以及对人民负责等责任；其次，是生命伦理意义上的责任，主要有对人类负责、维护人类利益，尊重生命、维护人类尊严，保护人类环境、维护生态平衡以及保证社会正义的责任，等等。

---

[1] 吴剑飞：《论科学家的伦理责任》，东华大学 2007 年硕士学位论文，第 24—26 页。

第三节 全球正义视域下转基因技术发展与转基因生物安全

转基因技术是当代最热门也最有优势的技术之一，关系着全人类当今以及未来的发展。它给人类带来利益的同时，也可能存在潜在的危害，给人类带来一些不利的后果。在这些潜在的危害中，转基因生物安全最为人类关心。如何减少或者尽可能地阻止转基因技术使用带来的不良后果？世界各国家和地区、社会组织等在这个过程中应承担什么样的责任？这些问题都与全球正义有关。

一、全球正义视域下的转基因技术发展

当前科技研究中，要使转基因技术健康发展，使转基因产品为人类谋幸福，进而实现转基因全球正义，必须建立和发展良好的监督管理制度。

（一）制定正义的分配制度

近代工业文明发展的一个结果就是人类社会建立了以民族国家为基本单位的全球政治、经济、社会制度。由于历史发展的延续性，当今的全球化、区域化、一体化也是以民族国家为单位而展开的，因此思考当今人类社会的基本问题时也应该以民族国家为主体而展开。这是历史逻辑的必然要求。在民族国家为全球秩序的基本主体的前提下，正义的首要问题自然是分配正义的问题。分配正义涉及人类的利益与社会的公正和平发展。《正义论》的作者罗尔斯认为，一个封闭的系统内才可以谈论正义，超出国家的边界，没有什么正义可言。他进一步认为在国际上或全球视野中是不能够发现平等的，即全球视野中不存在正义的核心要素。诚然，从理论角度就分配正义而言，我们无从设想国际社会怎样才能存在正义，更不用说去确立全球正义观了。现实情况下，国际社会中一直存在的霸权主义、强权政治等，这些恰恰是作为破坏正义的力量和挑战而存在的。但是，令我们欣慰的是，国际社会对平等的要求、呼吁和奔走从未停止过。这种对平等的要求和呼吁，本身存在着造就全球正义的潜质。在此基础上，人们试图通过再分配的途径解决经济领域分配的不公平，不断实现社会公平正义。这种分配类似于分蛋糕，把经济

发展的成果看作一个大蛋糕，在一定的社会制度和分配原则下，通过抑制经济的不平等，防止社会差异的扩大。这种通过分蛋糕的方式解决正义问题有着较为直接的效果。然而全球化背景下，民族国家边界逐渐模糊，国际人员流动性也在增强，“分蛋糕”的依据开始变得不完全确定了。因此，通过“分蛋糕”这种再分配的简单方式提供正义的途径受到质疑。我国香港地区 2011 年度财政预算案引发的普遍争议恰恰说明这一点。

采用再分配的方式解决平等问题的思维取向是一种实体性思维，是社会处于静态情境下对已经取得的经济发展成果进行分配。因此，在作出制度安排后会在时间的绵延中持续发挥作用，即呈现出一种动态的适应性，但在思维取向上，我们说它是一种产生于静态环境中的实体性思维。在复杂性和不确定性相对较低的条件下，这种思维取向具有优越性[1]。然而，经济全球化、一体化下的社会逐步呈现出高度复杂性和不确定性，这种做法无法满足人们对公平、正义的需求，于是人们便通过机会平等的途径来实现公平和正义。现实情况下，不平等的产生还有经济、政治地位等方面的原因，于是人们解决正义问题还会转向政治视角。在全球化时代，无论转基因技术及其产品带来的是福祉，还是潜在的危害，实现全球正义一定要确立一个公平的分配制度。在国际化分配的过程中，首先，各个国家之间要平等，任何国家不能享有特权；其次，各个国家要团结协作，共同坚持并维护公平、公正的政治理念。

（二）建构求同存异的科学理念

对于转基因技术及其使用，不同国家、不同地区的人们对其褒贬不一，解决这种问题的最好方法是求同存异。在全球化、一体化语境下，人员的全球性流动、流动的外籍劳工对民族国家框架下的公民权利和正义观念提出了挑战。由于外籍劳工尤其那些具有不同信仰、不同民族身份的外籍劳工不具有公民权，欧洲发达国家中出现排斥外籍劳工的种族歧视，这种歧视与社会正义的原则直接相对立。由此，基于公民权利的社会正义制度就转化为一种非正义，民族国家框架下的正义观念也失去了依据。原本基于静态环境下的公民权利而作出的制度安排是合乎社会正义原则的，但是随着社会复杂性和

---

〔1〕 张康之：《全球化时代的正义诉求》，载《浙江社会科学》，2012 年第 1 期，第 30—40、156 页。

不确定因素的增加，全球化带来越来越多的人口流动，原有制度暴露出其非正义的一面。因为这些流动的人口无法被包容于既有的社会正义体系之中，外籍劳工和本土公民、群体与群体之间就出现了冲突，这种冲突是实现人类命运共同体语境下正义的一种阻力。

为了保护本国公民的权利，西方发达国家会将社会中的人进行等级划分并加以区别对待。他们设置“绿卡”制度，持有绿卡的人享有比外籍劳工更多的权利、更多的社会福利，具有参与更多的社会公共事务的权利。这种区别不断扩大，最终形成了更大的冲突。冲突是这种不公平、不正义现象的结果，进而发展为一种更严重的社会问题。一言以蔽之，如果现有的一些制度不做改变，这种冲突和社会问题就会是全球化语境下社会发展的一种不可逆转的趋势，原因正是由于公民权利的建立和全球化发展之间产生的一种种族偏见和病态心理，而这种状况非常不利于全球正义的发展。当然，这种发展是出于对国土安全和本国公民权利的保护，一定意义上是可以理解的。从另一个角度讲，如果出于国土安全和保障公民权利的目标而对一些与恐怖主义无关或者对普通的外籍民众进行监视甚至限制行动自由，那么实施此类行为的国家其所说的“自由、平等、正义”的含义、性质就发生了变化，是值得怀疑和抗争的。

同样，全球化、经济一体化下的转基因技术在发展和使用过程中，因为不同国家、地区的经济、科技发展的不平衡性以及政治制度状况的不同也会出现冲突或矛盾。发达国家拥有更多的转基因技术资源和人才，为了获取更多的经济利益而不断地在发展中国家和地区应用、推广转基因技术，使得发展中国家以及技术落后的地区，对转基因技术存在着困惑却只能被动接受转基因产品，这本身就是全球化语境下的不平等和非正义。由此，转基因输出方与输入方两者对转基因的观点也存在明显的差异和对立。那么，如何建立一种公平正义、求同存异的制度，使得各个国家能很好地接受此项技术？首先，要基于人类命运共同体理念考虑和解决问题，要采取有益于人类和地球上所有生物的发展的方式，保护好人类赖以生存的共同的地球家园。其次，对转基因发展中遇到的困难和阻力要有承认、包容差异的态度，化解矛盾，解决冲突，而不是恃强凌弱或利用优势牟取利益。西方发达的、具有转基因优势的国家应本着求同存异的理念和态度，不以强硬的态度去要求、打压相对弱势的国家，而是应该理解、支持它们的一些想法、疑惑并给予一定的技术支持、指导和援助，以实现人类共同体下的全球正义。

二、全球正义视域下的转基因生物安全

转基因技术的兴起和发展，是近代人类最杰出的科技进步之一，给人类解决健康、生态、环境、食品等问题开辟了新的途径，提供了新的方法。转基因技术的迅猛发展远远超过了人们的预计。如前所述，全球转基因作物的种植面积从1996年的170万公顷增加到2016年的1.851亿公顷，增长了100多倍。但是，由于转基因技术在一定程度上打破了生物的自然进化规律，加之1999年美国发生的斑蝶事件、2000年的星联玉米事件、2001年的墨西哥玉米事件、1995年加拿大的超级杂草事件等，转基因生物的安全性引起了国际社会广泛的关注，成为人们争议的焦点之一。对于转基因生物安全，人们褒贬不一。虽然前述各事件并不能直接说明转基因生物不安全，但是，由于其与转基因生物有关联，所以，各个国家和国际组织对转基因生物安全非常重视，并且出台了相应的法律、法规，建立了配套的监督管理制度，加强了对转基因生物的安全管理。

（一）转基因生物安全管理的国际现状

每个国家其政府和人民都十分关注生物安全问题，一些政府甚至把生物安全置于与金融经济安全、国防军事安全、政治文化安全等同的重要位置。20世纪70年代，科学家在研究重组DNA技术的初期，对DNA技术的潜在的生物学和生态学风险产生了担忧之情，并预测其释放到环境中去会带来一系列的危害。此后近20年转基因生物技术的研究，在实验室水平上取得一定的成功，接着经过中间试验，有的转基因生物开始向自然环境大规模释放并进行商业化生产甚至跨国生产。随着生活中人们科学意识和生命、生态意识的提高，不少人开始关注转基因技术的使用是否会对环境产生不良后果，对自然界动植物多样性以及对人类健康产生影响，转基因安全便成为人们谈论较多的话题，于是，“生物安全”这一术语逐渐进入公众的视野。

人类对转基因的关注引发国际组织的重视。1992年联合国环境与发展大会通过了《生物多样性公约》。《生物多样性公约》对于转基因生产尤其是转基因的跨国、跨境转移提出一系列要求，如缔约国制定或采取措施管制、管理、控制生物技术的使用，改变活生物体在使用和释放时可能对环境和人体健康产生的不良影响，防止、控制或消除那些威胁生态系统、生态环境或物

种多样性的外来物种的蔓延。大会建议专门为生物安全制定一份议定书，作为转基因安全保障方面的有法律约束力的国际文件。于是，1995 年的《生物多样性公约》缔约国第二次会议特设了一个工作组，负责生物安全文件的起草与制定，经过多国间的协商、谈判以及科学家的努力，最后于2000 年在加拿大蒙特利尔会议上通过，即《卡塔赫纳生物安全议定书》。

按照《生物安全议定书》的要求，任何含转基因有机物（GMO）的产品均须粘贴“可能含 GMO”的标签；对某些产品，出口商必须事先告知进口商它们的产品是否含 GMO；政府或进口商有权拒绝进口这类产品。协议所指的 GMO 产品包括转基因种子和鱼，以及由含 GMO 的原料制成的产品，如烹调油、西红柿酱和其他预加工的食品等[1]。2005 年，全球已有 133 个国家签署了《生物安全议定书》，进一步确保了《生物安全议定书》的合法性和权威性，从法律层面对保障全球转基因生物安全管理工作起了巨大的作用。

转基因技术的发展以及各国管理制度的建立，对于转基因的管理产生了一定程度的效果，但是由于各国建立的管理制度立足于本国的利益和对本国贸易的保护，又从另一方面阻碍了生物技术及全球贸易的发展。加之转基因技术及产品变成一种商品进行贸易，便使得当前生物安全问题变得越来越复杂。转基因技术已经超出了科学技术的领域，随之带来一系列的经济贸易、政治、伦理等方面的问题，也产生了一定的矛盾冲突。

为了兼顾转基因技术研究、发展本国的经济贸易，发达国家对待生物安全采用双重标准——外松内紧。在转基因进入本土或本国时采取严格的监督和评价标准，对外出口转基因时却采取不告知原则或模糊原则，这也是实现全球公平正义的新的挑战。只有生物技术极大发展、贸易全球化发展到一定程度，相关的国际生物安全组织严格并统一采用规范性的、同一标准的监督和评估，全球正义下的转基因技术研究及其产品才能更好地为人类造福。

言至此，生物技术的研究、发展及其标准的制定显得尤为重要。20 世纪 70 年代，我国开展基因工程研究并快速地发展转基因技术，但相关的立法与安全管理相对滞后，甚至很长一段时间处于无人管理的状态。直到 90 年代，国家科委才借鉴《生物安全议定书》的准则，结合我国国情制定了《重组

---

[1] 朱光富：《世界各国对转基因食品的态度和管理》，载《中国家禽》，2002 年第 2 期，第 40—44 页。

DNA 工作安全管理条例》并颁布实施《基因工程安全管理办法》，从宏观技术角度管理和协调转基因事项。1996 年 7 月，农业部颁布的《农业生物基因工程安全管理实施办法》、2001 年 6 月公布实施的《农业转基因生物安全管理条例》分别规定了对转基因生物的安全性评价和控制措施，以及对外来转基因生物的管理，保护生态环境，保障人体健康和动植物、微生物安全，进一步发展、完善了我国生物安全管理政策。2002 年之后，我国将生物技术的管理纳入法制化轨道，对实验研究，中间试验，环境释放，商品化生产、销售、使用等方面制定详细的管理方案，健全生物安全管理法规体系，实施了相关的系列性管理办法，如《农业转基因生物进口安全管理办法》《关于对农业转基因生物进行标识的紧急通知》《农业转基因生物安全评价管理办法》《农业转基因生物标识管理办法》等。2000 年 8 月，我国签署了《生物安全议定书》，成为签署该议定书的第 70 个国家，继续以科学的、建设性的态度，在转基因研究方面与国际社会展开积极的沟通与合作。

（二）确保转基因生物安全的有效途径

1. 设立完善的转基因生物安全管理机构。为了防范和减少转基因生物所带来的风险，我们不仅要区别对待转基因作物和传统作物，还要设立并不断完善相应的转基因安全管理机构。以我国为例，国家层面设立并完善转基因生物安全管理机构，这一机构需要不同的国家行政部门来参与，如农业农村部、国家发展和改革委、科技部、卫生健康委、商务部、市场监管总局、生态环境部等。这些系统庞大的单位，其根本目标是一致的，意在从不同的层面保证转基因技术又好又快地发展，这些单位分工负责管理、解决转基因技术在生产过程中遇到的重大问题。在各省市、自治区、直辖市层面，也要建立相应的农业转基因生物安全管理机构，挂靠在农业行政部门的科教处。另外，国家还设立农业转基因生物安全部际联席会议，防止在转基因安全监管过程中出现管理上的失误、越权、不作为等现象，保证转基因生物安全管理的统一性和高效性。

在转基因技术发展的过程中，国家或地区的政府本着对本国、本地区人民负责原则，本着对全人类负责的原则，设立高效、可靠的管理机构，保证它的健康发展和正常运行，解决群众最基本的生存需要，使人民大众获得高层次的精神满足，提高转基因生物研究的效益。

2. 设立高效合理的安全评价机构。确保转基因生物安全，必须加强对转基因技术与转基因生物、产品在使用之前的安全管理和评价。转基因技术的应用涉及转基因生物对人类构成的危险或潜在危险，对植物、动物界多样性的影响，对环境的影响、危害或潜在危害，因此对转基因技术及其产品的安全评价，就需要有来自不同专业的人员构成的评价机构。为了保证转基因技术的使用处于安全的环境之中，我国建立了国家农业转基因生物安全委员会，对于委员会的构成人员做了如下的要求。首先，委员会的成员必须来自不同的部门，以确保转基因生物安全评价的广泛性和权威性。2005 年成立的第二届国家农业转基因生物安全委员会委员主要来自农业农村部、国家发展改革委、科技部、卫生健康委、商务部、国家市场监管总局、生态环境部、教育部、国家林草局、中科院、工程院等部门及其直属单位。其次，委员会的成员来自不同的专业领域。第一届委员会有 50 多名成员，这些成员中有的是植物专家，有的是植物与植物微生物专家，有的是动物与动物微生物专家，有的是水生生物专业领域的高层研究者，这些不同专业的研究人员能够确保评价过程中对转基因涉及的不同领域安全性问题的权威性。第二届安全委员会在原来涉及转基因技术研究、生产、加工、检验检疫、卫生、环境保护、贸易等专业领域的基础上，增加了食品安全、环境安全、技术经济、农业推广和相关法规管理方面的专家[1]。最后，国家农业转基因生物安全委员会成员在由不同专业、不同领域人员构成的基础上，任期不能超过三年，以防止评价中利益固化现象的产生，确保评价的公正性。如此严格要求乃至细致入微地挑选委员会成员都是为了保证转基因技术在发展、使用的每一个环节的安全。转基因生物安全问题是重中之重，安全不彻底，其他一切都无从谈起。保证转基因安全成为国家农业转基因生物安全委员会的责任和义务。

3. 设立一定的标识管理制度。不同国家和地区对转基因食品的定义不同，不同国家的法律对于转基因食品的规定不同，导致对转基因生物实施的标识管理制度表现出很大的差异。但是，设立转基因标识管理制度，是大多数国家加强农业转基因生物安全管理的通行做法。这既是对消费者知情权与选择权的尊重，也是为在转基因生物安全管理中实现跟踪与召回转基因产品所采取的措施。前文多次提到标识制度有自愿标识与强制标识之分。目前，

---

〔1〕 许文涛、贺晓云、黄昆仑、罗云波：《转基因植物的食品安全性问题及评价策略》，载《生命科学》，2011 年第 2 期，第 179—185 页。

我国也实行了标识管理制度，这种标识制度属于强制性的。2001年国务院颁布实施的《农业转基因生物安全管理条例》第四章第二十八条明确规定，在中华人民共和国境内销售列入农业转基因生物标识目录的农业转基因生物，应当有明显的标识。但是，我国的标识制度还不完善，比如，一些国家和地区明确地规定了食品（饲料）中转基因成分意外混杂的最高限量，而我国对此没有明确的规定。此外，我国还设立了标识管理目录制度，对需要标识的转基因生物进行公布，并规定凡是列入标识管理目录并用于销售的农业转基因产品，应当进行标识管理。根据2001年由农业部制定、2002年开始实施的《农业转基因生物标识管理办法》，"我国确定了第一批实施标识管理的农业转基因生物目录：（1）大豆种子、大豆、大豆粉、大豆油、豆粕；（2）玉米种子、玉米、玉米油、玉米粉；（3）油菜种子、油菜籽、油菜籽油、油菜籽粕；（4）棉花种子；（5）番茄种子、鲜番茄、番茄酱"〔1〕。所有的转基因产品都是依据这些目录来管理的。

国际上转基因生物标识还有阳性标识（又称正向标识）与阴性标识（又称反向标识）之分。所谓阳性标识是指在产品标签上明确标注有转基因成分的存在。所谓阴性标识是指在产品上标明"不存在转基因成分"或"没有转基因"字样。我国采取的是阳性标识办法，具体分成三种情况：（1）直接标注"转基因××"。转基因动植物（含种子、种畜禽、水产苗种）和微生物，转基因动植物、微生物产品，含有转基因动植物、微生物或者其产品成分的种子、种畜禽、水产苗种、农药、兽药、肥料和添加剂等产品。（2）标注"转基因××加工品"或者"本产品为转基因××加工品""加工原料为转基因××"。（3）标注"本产品加工原料中有转基因××，但本产品不再含有转基因成分"〔2〕。

设立了严格标识制度，我国转基因相关部门的管理职责分工明确，各负其责，全国转基因生物标识的审定和监督管理工作由农业农村部负责，县级以上地方人民政府管辖范围内转基因生物标识的监督管理由当地的农业行政部门负责，而对于进出口农业转基因产品则由国家市场监督管理总局负责，在进出口口岸检查验证。这种监管职责的划分，保证了标识制度能够得到有

---

〔1〕参见农业部于2002年1月5日发布的《农业转基因生物标识管理办法》。

〔2〕转引自陆群峰、肖显静：《中国农业转基因生物安全政策模式的选择》，载《南京林业大学学报》（人文社会科学版），2009年第9期，第68—78页。

效的实施和监管，严格保障对转基因在生产过程中不合理、不合法的行为进行监督，以确保转基因产品使用者的合法权益。

围绕着标识制度，各国、各组织展开了激烈的争论。有的主张自愿标识制度，有的主张强制标识制度；有的主张阳性标识制度，有的主张阴性标识制度。这些不同主张的背后都是出于利益的考量。主张自愿标识制度者是为了本国、本公司的产品能够进入他国，能够让消费者在不知不觉中选择转基因商品。这显然不利于全球转基因生物安全的管理。主张阴性标识制度者，则想在转基因安全不确定的情形下，赢得商品的竞争优势。主张阳性标识制度者则以歧视为借口来反对阴性标识制度。对此，从公平正义的角度与转基因生物安全管理的角度、尊重消费者知情权的角度出发，我们主张实行强制标识制度、阳性标识制度。阳性标识制度客观地叙述了商品的真实信息，因此是公平的。

4. 行使国家主权，建立相应的进出口管理制度。随着转基因技术发展以及转基因作物可能带来的可观经济利益，全球种植转基因作物的国家还是越来越多，整个种植面积的规模也在不断增加，虽然相较于刚开始几年的迅猛势头，现在的发展速度渐缓。在经济全球化的今天，转基因产品的增加以及它的质优、价廉等特性必然推动转基因产品国际贸易迅速发展。但是，转基因国际贸易有可能给输入地甚至过境地的生态环境、生物多样性、人类的生命健康带来破坏性影响，而且有些破坏性影响是不可逆的。这是公众及世界各国政府的担心。因此，为了防止转基因贸易造成的灾害，各个国家都必须对转基因产品的进出口进行有效的监管，这是国家主权的体现，也是对世界各国人民与人类命运共同体的义务。经过转基因产品国际贸易的多年实践，国际上已形成了一些与转基因产品进出口管理相适应的国际规则，比如事先知情同意原则等。事先知情同意原则涵盖了许多具体的要求，这在本书其他多处已有详细论述，在此不再重复。

出于对我国人民群众的生命、生活、生产的安全责任，出于对人类命运共同体的义务，我国政府也比较早地设立了转基因生物安全进出口管理制度，在实践中也坚持事先知情同意原则。近些年，我国政府依据此制度查处了一些非法输入的转基因产品，保证了我国转基因产品国际贸易的安全秩序。最后要说的是，进出口管理制度是转基因生物安全监管的需要，是对人类负责的表现。但现实中，一些国家却把它作为实现本国经济利益的手段，如有的国家构筑绿色贸易壁垒，有的国家却主张不要转基因安全监管的自由贸易，这些做法都是对人类命运共同体不负责任的表现，都不是正义的。

5. 坚持转基因生物商业化生产谨慎发展原则。由于转基因作物的可观经济利益以及它在一定程度上能够满足人们生活的多样需要，改善人们的生活质量，人类是无法遏制转基因生物的商业化发展的，除非这种商业化发展或转基因技术像鸦片、核武器一样给人类已经带来灾难性的影响。只要这种灾难性的影响没有出现，人们总是有进行商业化生产的冲动。但是，人们又担心它对生态环境与人类生命健康的影响。在这种情形下，人类在进行转基因生物商业化生产时一定要有防患于未然的意识，坚持谨慎发展原则。所谓谨慎发展原则就是在转基因生物商业化生产时，不能只看到转基因生物可能带来的经济效益，更应充分考虑到转基因生物商业化生产可能带来的环境风险以及对人类健康的威胁。比如，墨西哥是玉米物种的起源地，野生近缘种极为丰富，在墨西哥推广转基因玉米就应慎重。谨慎发展原则包括两个具体的要求：（1）无害利用。在转基因生物商业化生产时，能够在理论上证明并已经经过大田试验确保转基因生物的商业化生产不会对当地的物种、生态系统以及人类健康造成任何可能的危害。（2）风险预防。即使没有科学证据证明转基因生物的商业化生产会对当地的物种、生态系统以及人类健康造成损害，也要采取预防措施，防止可能发生的损害。这两个要求从正反两个方面确定了谨慎发展原则的具体内容，而且都非常严格，因此，谨慎发展原则是一种非常严格的责任。这个责任是每一个转基因相关国的义务，这是全球正义的要求，也是全球正义的体现。

总之，在当今时代，每一项人类探索、每一项技术的广泛运用多多少少都会存在风险和危害，关键是要有风险意识。目前，转基因技术已被证明是改良农作物和畜禽品种产量和品质的便捷途径，尽管人们对转基因技术的安全性还处于不确定的状态，但这绝不能成为阻止其发展的理由，反而应该成为发现问题和解决问题的契机，应该进行科学而全面的分析，在生物安全评估的基础上和法律法规的约束下，制定完善的研究、生产、开发和利用规范与标准，引导转基因生物健康、有序地发展。所有这些工作应该由全人类、所有国家、社会组织来共同完成，并且根据实际情况承担相应的、有区别的责任。

第四章　转基因技术与全球经济正义

转基因生物技术的出现，具有深刻的时代意义，其应用及转基因产品的研发生产，解决了人类社会中粮食短缺等问题，对社会发展有着积极的作用。但作为一项生物技术，也会存在一些不良的后果，转基因技术及其发展会给生态环境、生物多样性及人体健康带来一些危害。同时，在经济一体化和贸易全球化的今天，转基因贸易会带来一系列争端。考虑全球的经济安全，需要正确看待转基因技术发展与全球经济正义的关系。

第一节　生命专利与遗传资源主权

作为一项纯粹的技术或科学研究问题，转基因技术本身及其科学研究，并不存在可质疑的地方。然而当转基因广泛应用于医学、生产及食物制作中，尤其在各国之间展开大规模的贸易交流后，就涉及哲学与伦理、法律与经济、社会与生物发展等领域，由此引发了广泛的争论。起初，关于转基因的论战主要集中于技术专家及纯粹的技术问题，而事实上，转基因技术在应用于生物发展、食品制作等领域并进行商业化推广后，其影响已经远远超出纯粹的技术范畴，转而变成了政治经济问题、法律问题以及哲学与伦理问题。因此，下文主要讨论转基因技术带来的政治经济学问题，以科学、谨慎的态度对待转基因技术，确保在全球经济正义下的转基因技术应用不会对人类经济安全造成不可逆的影响。

一、生命专利与遗传资源

（一）生命专利

法律上，“生命专利”（Patent on Life）最初是经过英美法系的判例法得到确认的。随后其他法系、法律也确立了此专利。生命专利在法律上得到确立后，生物技术公司便纷纷开始了对植物、动物和人类等的基因资源及转基因动植物品种的专利控制。

作为知识产权的一种，专利权一直以来主要涵盖技术发明、实用新型与外观设计等项目。生命专利作为知识产权始于美国的消化油脂的细菌有机体可以成为专利品的案例。1980年，美国通过的“Bayh-Dole Act”和“Stevenson-Wydler Act”两个法案规定，联邦最高法院准许由遗传工程产生的微生物在专利范围之内由美国专利商标局批准生物发明实用专利，准许人类干预的有生命物质的专利申请权，由此促进了生物科技的高速发展。尤其是美国最高法院裁定一种能够消化油脂的细菌有机体可以成为专利品，改写了上百年的专利史。这也就是生命专利的开始。

在国际贸易领域和全球经济领域，1995年开始实行的《与贸易有关的知识产权协议》规定了关于知识产权保护的基本标准，这一标准很快在发展中国家推行，WTO成员方一直把植物以及动物排除在专利保护范围之外，却并未把生物和微生物方法排除在外，即规定把运用于生物科技中的技术作为专利并可运用于工业或其他行业。这一规定和产业界的做法与美国在WTO中的谈判力不无关系。2000年《生物安全议定书》在前言中声明其与TRIPs的关系相辅相成，鼓励生物多样性和支持国家拥有对自己生物资源的主权。这对转基因专利或生命专利产生极大的影响。

在生产中，生物产业对资源具有极大的依赖性，这一需求使得生物资源成为继自然资源之后最重要的战略资源之一。我们暂且把资源分为生物资源（有生命的资源，包括动植物和微生物）和自然资源（主要指非生命的矿产资源等）。换言之，如果失去了资源，生物产业就会处于瘫痪状态。面对有限的自然资源，对生物资源及生物基因数据的研究成为人类科学研究的一个新的关注点，如果能占有或获取生物资源，那么就能抢占未来发展的一个制高点。目前，全世界已经花费了数亿万美元来收集大量的植物、动物以及人类的遗传信息，并用来标记和识别生物圈中各种生物的基因及其功能，作为未来生物技术发展的储备。有人形象地将这次活动称为生物技术圈内的“圈地运动”[1]。因此，一些国家在这一领域“先下手为强”，有效地控制野生

〔1〕陈名仁：《生命专利：一场新的“圈地运动”》，载《江苏科技信息》，2002年第8期，第27—28页。

物种及其他遗传资源，以保证其在现在和未来的生物技术研究中对生物资源的全球垄断。而这次“圈地运动”的最根本、最有力、最直接的武器就是获取“生命专利”。

生命专利除了具有一般专利的特性外，一个最突出的特性就是所谓的“标记”（Marker）。标记是一个生物学术语，指一段能够控制特定性状的DNA序列，但是目前的科学技术还做不到把每一段DNA序列与生物的性状一一对应起来[1]。形象地说，标记就好像我们行程中的路标，通过路标，人们能够很容易地找到行程的目的地。同样，通过基因标记，人们就能够掌握生命序列，进而达到掌握生物资源的目的。

当然，对生命资源是否可以授予专利，在国际上至今还存在着争论。当前学界主要有两种观点：一种认为，应该加大对生命专利的授权，为的是保护生物技术的发展；另一种认为，不能放开对生命专利的授权，一旦放开授权生命专利，可能会引发一系列的混乱、争端和问题，而且事实也证明了这一点。目前，大多数发展中国家，把生命物质的专利权排除在知识产权制度的范围之外，而发达国家和相关国际组织却支持生命专利权，目的是促进生物技术的开发与利用。的确，从技术层面来看，制药、化学、农业等生物技术公司在一定程度上可以通过专利制度避免恶性的、无序的竞争，共同创造生物技术产业美好的未来。但是，从社会层面、正义的层面来看，生命专利权在任何领域都得到开发和应用，也会带来一些可怕的社会后果。今天，十家跨国企业控制着全球32%的种子市场，而且它们拥有改造种子的基因，一旦这些少数企业或国家控制了全球的种子生产、粮食生产、化肥生产等领域，垄断经济乃至垄断政治就会再次袭击社会，形成少数企业或国家掌握世界的场面，非常不利于其他国家的发展和国际秩序的维护。

换言之，转基因不分场合和领域地被专利化，会对一个国家、地区的生物安全、经济利益和合理竞争产生重要的影响，因此，转基因是否可以被视为和被赋予生命专利，既涉及生物安全问题，也涉及转基因生物资源国和基因遗传资源所在地人民的利益平衡等问题。

（二）遗传资源

在转基因全球正义视域中，另一个重要问题是遗传资源问题。在当前科

[1] 魏明勤：《转基因食品伦理——健康权视域的研究》，西南大学2013年硕士学位论文，第39页。

学技术水平条件下，生命专利、转基因专利都离不开遗传资源。

2001 年，庞瑞锋在《种中国豆 侵美国“权”》一文中指出，美国孟山都公司向全球 101 个国家申请一项源自上海的野生大豆基因专利，一旦孟山都公司的申请成功，以后中国人自己买自己的豆、摘自己的豆，甚至种自己的大豆都可能需要支付专利费。邹文雄在《生命的密码——解读人类生命基因工程的秘密》一书中披露了另一件与中国人有关的遗传资源的案件。美国采用 2 亿中国人的血样提取 DNA 样本，进行一项涉及几乎全部遗传疾病的研究，中国人的遗传资源面临危机![1] 这些披露震惊了国人，也使国人认识到“21 世纪是基因的世纪”，“基因产业是 21 世纪产业的支点”，“生物工程将是 21 世纪后期工业的最大生财之道”。但是这些披露在深层次上是一个转基因全球正义的问题。我们先来认识一下遗传资源，遗传资源的分配问题在本书其他地方再详细讨论。

当前，一些国际公约对遗传资源已作出一些定义。《生物多样性公约》第 2 条规定：“遗传资源是指具有实际价值或潜在价值的遗传材料；遗传材料是指来源于动物、植物、微生物或其他来源的任何含有遗传功能单位的材料。”按照《生物多样性公约》的定义，遗传资源可来源于动物、植物、微生物或其他来源。对比《生物多样性公约》中的“遗传资源”的定义，《粮食和农业植物遗传资源国际条约》第 2 条的定义是，“粮食与农业植物遗传资源”是“对粮食与农业具有实际价值或潜在价值的来自植物的任何遗传材料；遗传材料是来自植物的任何含有遗传功能单位的材料”。这些国际公约的定义侧重于技术层面的认识。这种定义便于遗传资源分配实践中的操作。我国的一些学者对遗传资源的认识则超越了技术层面。王健民、薛达元将遗传资源界定为：“具有实际或潜在价值的含有遗传信息物质（材料）及其多级载体的生命体（染色体、细胞、血液、骨髓、组织、器官、种质）、生物个体、生物群体（病毒、细菌、植物、动物、人）及其特殊生命体。”[2]

王健民等人除了注意到遗传资源的社会经济价值外，还给出了评估遗传资源的经济价值的方法。以 BT 转基因抗虫棉为例，BT 转基因抗虫棉的直接价值达 7.35×10^8 美元，未来价值达 8.42×10^8 美元；而理论潜力上，按照

---

〔1〕 王健民、薛达元、徐海根等：《遗传资源经济价值评价研究》，载《农村生态环境》，2004 年第 1 期，第 73—77 页。

〔2〕 王健民、薛达元、徐海根等：《遗传资源经济价值评价研究》，载《农村生态环境》，2004 年第 1 期，第 73—77 页。

种群黑洞理论，充分必要条件下的一粒粟谷，以世代倍比数3000的中等繁殖力测算，在第13年所收获的谷粒的总质量比太阳的质量还大8.02倍。由此看来，遗传资源是重要的战略性资源，其巨大的研究价值和经济价值使人产生“基因就是钱，生物资源就是印制钱币的纸张”[1]的感觉。面对理论上如此巨大的经济价值，如何分配人类的遗传资源及其利益就成为人们关注的一个问题。

一般认为，遗传资源应是指有实际或者潜在价值的、具有遗传功能的材料（遗传材料）及其相关信息，包括来自植物、动物（包括人）、微生物或其他具有遗传功能的材料及相关信息。基于此认识，我国在1998年的《人类遗传资源管理暂行办法》中规定：人类遗传资源是指含有人体基因组、基因及其产物的器官、组织、细胞、血液、制备物、重组脱氧核糖核酸（DNA）构建体等遗传材料及相关的信息资料。自2019年7月1日起施行的《中华人民共和国人类遗传资源管理条例》规定：“人类遗传资源包括人类遗传资源材料和人类遗传资源信息。人类遗传资源材料是指含有人体基因组、基因等遗传物质的器官、组织、细胞等遗传材料。人类遗传资源信息是指利用人类遗传资源材料产生的数据等信息资料。”这种立法上的变化表明我国对人类遗传资源的认识越来越全面，它不仅包括相关遗传材料，还包括人类对相关遗传材料的认识成果。这种认识与立法上的变化有助于遗传资源分配的解决、实现全球正义。

（三）“生命专利”引发的“生物剽窃”行为

人类社会已经进入基因时代，基因源是指具有实用或潜在实用价值的含有遗传功能的材料，包括动物、植物、微生物的DNA、基因、基因组、细胞、组织、器官等相关信息。这些遗传资源将成为创造财富的特殊资源，它是生物科学研究的重要基础，是人类生存和可持续发展的战略性资源。现在对基因资源的占有情况已经成为衡量一个国家国力的重要指标之一。

在这一背景下，对遗传资源的获取、占有、研发已经成为21世纪一个新的竞争场域，上文谈到的“生命专利”，也是对植物、动物和人类等的基因资源及转基因动植物品种的专利控制。目前，基因资源在世界上不同国家和地区之间的分配并不是均匀的，一般说来，发展中国家的遗产基因比较丰

---

[1] 陈晓平：《遗传资源的可专利性分析》，华东政法大学2011年硕士学位论文，第79页。

富，发达国家相对较为缺乏，但基于遗传资源的重大研究价值和巨大经济价值，发达国家在知识产权国际保护框架下，利用技术上的优势和经济实力雄厚的便利获取发展中国家的遗传资源，进行“合法”掠夺，然后转让或许可该发展中国家，进而获得更大利益，这就是所谓的“生物剽窃”或“基因剽窃”。

“生物剽窃”（biopiracy）是指对于遗传资源或生物资源，未经其原产国或地方社区以及在此之前已经栽培和利用这一资源的当地人民的许可而申请专利保护的行为。如果基因资源没有主权保护，那么，窃取别国基因资源的“生物剽窃”行为就会合法化，剽窃者就可以以剽窃来的基因资源申报专利从而垄断国际市场，结果基因资源拥有国在利用本国的基因资源时反而变成非法，一夜之间可以从一个基因资源富国变成一无所有的“穷光蛋”，进而丧失参与世界“基因大战”的能力。据估计，美国通过各种途径获取的生物遗传资源占其生物遗传资源总量的 90%，日本则为 85%。

生物剽窃以遗传资源为客体，所涉及的对象既有遗传基因，也有相应的传统知识。例如，1993 年美国专利商标局申请用含有姜黄成分的疗伤药剂的专利被提出异议，并在第三世界国家对抗“生物剽窃”中败诉，其原因在于：其一，姜黄是印度的传统植物；其二，美国抄袭印度人数百年来用姜黄治疗伤口的知识。由此看来，一定程度上，生物剽窃不仅是对遗传资源的剽窃行为，也是特殊的侵犯知识产权的剽窃行为。

生物剽窃者一般是具有技术资金优势的商业开发者对技术落后、资金相对匮乏的遗传资源拥有国、土著或地方性社区的遗传资源的获取、利用和研究开发的过程，这种掠夺行为并未经遗传资源拥有国、土著或当地的许可和同意。这种事先未经许可同意有三种表现形式：第一种是早期殖民者采用的方式，类似于窃贼的手段，公然对当地的遗传资源获取、研发和利用；第二种是打着“科学研究”或其他公益名义的幌子，借助欺诈手段实施实质意义上的剽窃，如美国在中国的高血压基因采集案；第三种则是表面上已告知当地政府或管理组织，但实际上利用了当局者薄弱的权利意识获取实际利益[1]。

最后，生物剽窃的手段是利用现行相关知识产权制度申报专利，而且在

---

〔1〕 钭晓东：《遗传资源新型战略高地争夺中的“生物剽窃”及其法律规制》，载《法学杂志》，2014 年第 5 期，第 71—83 页。

申报专利时隐瞒遗传材料的来源，最终的目的是独享生物遗传资源所包含的直接价值，因此，被形象地称为“不付对价”的“拿了就跑”[1](take-and-run)。总之，生物剽窃是一种不正义的行为，是对他国或其他地区的财富的掠夺，加剧了全球财富的分配不公。

二、转基因技术的政治经济学与哲学伦理学分析

(一) 转基因技术的政治经济学分析

作为遗传资源，基因是一种生命遗传信息，这种信息不同于一般的发明创造，因为它不可以被任何人独立占有，一定程度上属于全人类的资源，或者说，应该属于全人类的公共财富，是一种共有生物资源。在转基因技术的研发和生产中，转基因带来巨大的经济收益，由此开始被一些跨国公司和政府占有，他们对遗传资源的基因进行改造、修饰，并寻求知识产权保护，进而使之成为一种垄断性资源。

当转基因被少数的跨国公司垄断后，转基因技术及其获得的知识产权就会变成一种私有权利。据统计，目前主要存在的9000多项转基因作物专利，4个跨国公司手中拥有44%。世界第一大种子公司孟山都所持有的转基因特性专利占全球生物技术作物的86%[2]。这种私有权利的集聚极大地改变了以往农业生产中的关系。转基因作物的种子，从根本上来说，并不是为了作物的种植与基因发展，而是为了获取更多的利益，产生更多的价值和垄断利益。

在传统的作物种植中，种子是在漫长的时间长河中发生基因演变的，其种植的权利属于所有种植者乃至整个人类，种植者可以年复一年地育种、留种、种植、收获，满足自己生活的需要。而在转基因技术研发和应用中，为了垄断基因的使用权，转基因研发者短期内在技术层面采用了限制技术，通过改变种子的基因，使转基因种子成为一种“终结子”，即只能在当年种植和收获。收获的转基因种子看起来很好，却不能在来年再被种植，否则就会出

---

[1] 转引自钭晓东：《遗传资源新型战略高地争夺中的“生物剽窃”及其法律规制》，载《法学杂志》，2014年第5期，第71—83页。

[2] 叶敬忠、李华：《关于转基因技术的综述与思考》，载《农业技术经济》，2014年第1期，第11—21页。

现长苗不结果或者结果结秕谷，甚至会出现转基因种子留种不发芽的现象。

转基因作物的这种现象也改变了以往农民之间的劳动合作关系。传统种植中，农民之间在育种、选种过程中合作交流，取长补短，相互依赖，相互帮助，劳动呈现一种互惠交换的状态。而当种子成为转基因种子后，因为本地种子缺乏产量优势而逐渐被淘汰以至于消失，农民（种植者）之间的关系也变成一种独立不依赖的出卖时间和劳动的关系，同时，农民之间的依赖和帮助在减少，而他们对市场的依赖却增强了。新的种植现象使农民间的社会关系经济化和碎片化。另外，传统种植中种植者和育种者是合二为一的，但在转基因种植中，种子的培育者和种植者出现了分工与分离。

与此同时，转基因技术的发展，其对种植模式的要求是规模化和产业化，这对传统依靠劳动为生的个体劳动产生一种排斥，规模化和产业化使一批种植者被迫离开种植行业，或在传统的种植业中破产，很容易制造出新的贫困。而这种贫困加大了人与人之间的经济差距，甚至带来因破产而产生的极端贫困和死亡，进一步加大了全球贫富差距，给社会带来更多的动荡和不安定因素。

最后，转基因技术所带来的利益和风险分配也是不公平的。转基因技术的研发虽然以生物多样性为发展前提，但在技术收益分配中，因为转基因技术主要掌握在发达国家的跨国公司手中，转基因种子的推广不仅会强化跨国公司的垄断收益地位，还会进一步扩大发达国家与发展中国家之间的贫富差距。而转基因技术的消费者，他们不仅要支付使用费用，还要承担转基因技术带来的一系列风险。这实际上是一种新形式的殖民主义。再者，转基因技术带来的好处只能由当代人来分享，因为转基因技术存在的安全风险需要“几十年甚至几百年才能显现，到那时，当代人已经不存在，而后代人却不得不为当代人的福利埋单”[1]，这种以牺牲后代人的幸福甚至生命为代价来换取当代人福利的做法违背了代际正义。

总之，转基因技术的制度设计迎合了少数发达国家跨国公司的需要。基因工程的主要目的是（跨国）企业盈利，转基因技术最终“极有可能被发达国家用以达到对发展中国家进行技术资源垄断和政治控制的目的”，而非为人类的粮食问题提供解决途径。

---

〔1〕 转自叶敬忠：《关于转基因技术的综述与思考》，载《农业技术经济》，2014 年第 1 期，第 28—30 页。

（二）转基因技术的哲学伦理学审视

在转基因技术的研发和农业生产中，从理论上讲，转基因技术将人为选择的外源基因直接转入作物体中，打破物种间的界限，实现基因的“跨界转移”，育种的目标性更强，大幅缩短传统育种所需的时间，具有降低生产成本、提高单位面积产量、提高作物的营养价值和提高生态效益等优点。从哲学角度看，这一技术体现着“人对自然的干预”，且具有高度目的性[1]。这种人对自然的干预在现实中表现为认识和征服自然，使人类的主体性原则得到了确立和发展，“人与自然的原始统一消失了，取而代之的是一种人对无意识的客体世界的控制和利用关系。这种人对自然的新的体验方式，必然要在客观上导致一种人对自然的统治与操纵的现代技术的兴起”[2]。

转基因技术及其生产应用不仅改变了人与自然之间的关系，同时预示着新的自然观的形成。这种自然观的背后不是人与自然间的双主体的和谐相处，而是一种人类中心主义的自然观。在转基因技术及其生产应用中，人类可以通过基因修改、植入等方式，按照人类自己的意志，在短时间内完成自然界上万年的自然进化，从而使基因作物满足人类的要求。同时，人类技术的发展打破了自然界生物生命的神圣感和神秘感，自然界发展过程中的内在价值消失了，人类成为至高无上的统治者。转基因技术的胜利本身是人类控制自然的又一次演练，人类可以按照自己的理想和意志随意塑造周围的生物，转基因技术的急速发展成为人类展示自身统治力的又一次象征。

恩格斯早在一百多年前就曾意味深长地告诫人们：“我们不要过分陶醉于我们人类对自然界的胜利。对于每一次这样的胜利，自然界都对我们进行了报复。每一次胜利，起初确实取得了我们预期的结果，但是往后和再往后却发生完全不同的、出乎预料的影响，常常把最初的结果又消除了。”[3]在强调平等和人权的现代社会，转基因技术在应用上以牺牲部分人的幸福甚至生命为代价来换取少数人物质利益积累的做法有悖社会伦理。

哲学家卡尔·波普尔说过，所有的科学都建立在流沙之上。作为一种高

---

〔1〕 高亮华：《人文主义视野中的技术》，北京：中国社会科学出版社 1998 年版，第 168 页。

〔2〕 高亮华：《人文主义视野中的技术》，北京：中国社会科学出版社 1998 年版，第 169 页。

〔3〕《马克思恩格斯选集》第四卷，北京：人民出版社 1995 年版，第 383 页。

新技术，人类在取得胜利的同时，更应该认识到，转基因技术本身也伴随着巨大风险，其不确定因素和潜在的风险一旦产生破坏效应，就极易触发连锁反应，且整个过程“具有不可逆性”[1]。

三、生命专利制度与基因资源的正义问题

众所周知，没有科学技术的发展就没有人类的进步；而现代科学技术的发展一直是靠科学家的献身精神（道义的力量）和专利制度的作用（经济利益的驱动）来推动的。但是这两种力量在社会层面有时会产生冲突。如果没有科学家的献身精神，公众的利益就难以保证，发达国家与发展中国家的差距就会加大，从而有可能引起世界局势的不稳定；而如果没有知识产权保护制度，就会出现世界性的“大锅饭”，不利于促进生物技术的发展和产业化，从而影响整个人类的进步。从某种意义上讲，这种争论与我国改革开放初期所面临的争论如出一辙，因此，可以从邓小平的“发展是硬道理”的理论命题中找到答案，即应当“用发展的办法解决前进中的问题”。我国在制定生物技术领域的专利保护政策时应当采取较为积极的态度，不仅对生命给予专利制度的保护，还要合理处理其所带来的经济正义问题。

然而，基因技术的研制、开发与应用不仅是一场“科技革命”，也是一场“道德哲学革命”“伦理观念革命”，它给传统的伦理观念带来了巨大的冲击和挑战，引发了深层次的道德风险、伦理难题乃至文明忧患。众所周知，技术理性与价值理性的冲突和矛盾始终存在，如何衡量、协调二者之间的关系是摆在每一位理论工作者面前的重要任务。生命专利、遗传资源所引起的争论在本质上也是技术理性与价值理性的冲突的表现。笔者认为，基因伦理的应对不应当成为技术发展的障碍，事实上，伦理道德的理念约束也无法阻止基因技术时代的到来。“在技术发展史上，任何新技术的伦理后果，最终主要是通过技术进步的不断完善和其他社会政治机制来解决，伦理批评只能提供价值引导和理念支持。”[2]因此，不能总是以传统的观念和立场来回应具有无限可能性的运动发展的技术社会，否则会成为保守和滞后的理念缰绳。现在，生命专利制度与遗传资源的正义问题已迫在眉睫。我们应当关注

---

[1] 转引自杨通进：《转基因技术的伦理争论：困境与出路》，载《中国人民大学学报》，2006年第5期，第53—59页。

[2] 樊浩：《基因技术的道德哲学革命》，载《中国社会科学》，2006年第1期，第12—18页。

并认真思考能够改变生命观念乃至整个人类文明基础的基因技术，反思现有的伦理观念，使之与时俱进、不断更新，建立与之相适应的伦理文化框架，创建基因时代的法律伦理规约并确立公正合理的全球政治经济新秩序，实现基因科技与社会发展的“和谐有机生态”。

随着基因时代的到来，遗传基因资源成了一种“绿色黄金”，潜藏的巨大经济价值必将对未来全球社会的政治经济关系带来巨大影响。现实中一些发达国家自恃本身的雄厚实力而大肆掠夺自然赐予人类的基因资源，向广大落后国家和地区开展广泛的基因殖民。对此，现实中一些人认为，这些国家的行为是一种新形式的圈地运动——基因圈地运动，是“基因霸权主义”——妄图通过这种高科技隐性的殖民活动来控制世界，谋求政治霸权和经济霸权。长此以往，广大发展中国家和人民历经百年争取来的自由、民主的成果，可能会在基因时代的“殖民活动”过程中趋于瓦解。因此，全球社会应当从整个人类的利益出发，通过公平正义的国际立法，确立公正合理的全球政治经济伦理新秩序，协调生命专利制度与基因资源正义的关系问题，消灭“基因殖民”，确保基因时代人类共同的基因资源的共享，使基因技术的研究真正成为造福人类社会的宝贵财富，推动人类、社会与自然的和谐共生，推动人类命运共同体的和谐发展。

此外，正如有的学者所说，“历史上还没有任何一种重大技术革新的引入给自然界带来良性的结果。新技术使人类为了短期利益而开发和侵犯自然。但在此过程中，人类都付出了如污染、流失和生物圈的部分不稳定的代价。以全新的方式转化、重塑和开发自然的这股力量，最终必然造成生物技术革命对地球环境的特有形式的危害。”[1]确实，遗传污染在21世纪对生物圈造成了与20世纪石油化学污染同等严重的威胁。它甚至比石油化学污染给地球和人类造成更大的破坏，带来更严重的威胁。我们稍有不慎，就有可能全盘皆输。转基因技术的危险绝不会低于核技术的危险，它复杂得多，也难处理得多。近年来，世界各地爆发了一系列反对转基因研究实验的事件。例如，印度焚烧了美国最大的转基因技术公司孟山都公司的两块试验田；奥地利和英国的超市宣布停止出售转基因食品；反对转基因技术的激进分子破坏了美国加利福尼亚的转基因玉米、法国蒙彼利埃的转基因水稻和英国转基

〔1〕［美］杰里米·里夫金：《生物技术世纪：用基因重塑世界》，付立杰等译，上海：上海科技教育出版社2000年版，第186页。

因速生杨树；泰国经济政策委员会宣布禁止转基因改良的种子出于商业目的的应用，等等。这些事件说明了社会公众对转基因技术的担忧。这种对自然科学技术的担忧在现实中塑造着新的社会关系，因此也是构建相应的全球政治经济伦理秩序时的影响因子。

基于以上考虑，在全球转基因秩序的问题上，我们应当从自律伦理向制度伦理的伦理体系转变。如果转基因技术及其产品不利于人体的健康，当然不能任其发展。如果转基因产品有害环境，破坏生态平衡，人们将被迫付出沉重代价，当然要慎重对待。但是，从理论研究层面来看，现在人们对转基因技术的研究在哲学、伦理学以及管理、法律层面还相对薄弱，主要集中在科学技术层面，而且，国内的一些生物技术专家主要从科学技术的角度强调转基因食品所带来的经济效益，而忽视了它潜在的风险和相关的伦理、社会问题。企业为了追求经济利益而将生物风险置之度外，我国公众对生物技术缺乏了解而在生物安全问题上容易跟风等问题都没有进入这些生物技术专家的研究视野。换言之，国内对转基因技术的伦理研究比较少。目前，我们对转基因技术应用的伦理问题的争论没有形成共识，缺乏理性的认识，缺乏对转基因相关伦理问题进行理论分析和哲学反思。因此，运用基本的伦理学理论如道义论、后果论、生态伦理、德性伦理、责任伦理，伦理学原则如不伤害、有利、尊重、公正，以及伦理方法如正反伦理论证法、案例分析法等对转基因技术应用的伦理问题进行系统、全面和有针对性的分析和论证，对这些伦理问题进行哲学反思，尤其在对有关的准则、规范展开争议之际着重对转基因技术应用的伦理学理论和功能本身做一番认真的哲学思考，并对具体的问题作出伦理判断，这对我们构建全球转基因秩序都是十分必要的。

此外，我们不仅要梳理转基因技术应用的伦理问题的内在逻辑关系，而且要通过借鉴道德哲学、生命哲学、生物学哲学、生存哲学的研究，确立转基因技术应用的伦理问题研究的理论基础，从而进一步分析和评价转基因技术应用中的各种价值判断，在实践中引导转基因技术走向有利于人类社会可持续发展的方向，促使人们继续改善和提高转基因技术，发掘和发展转基因技术对人类的巨大潜力，防范其不利于社会可持续发展的动向，达到生态系统和经济系统的协调发展，为自然环境与社会经济的可持续发展提供伦理动因和道德支持。

正如中国未来研究会原理事长张文范指出的，以转基因技术为基础的生物技术“代表着最有前途的技术方向，是本世纪最具有影响力的高新技术新兴产业带，是最有生命力的经济增长链，是未来前景最有竞争力的产业群”[1]。相信随着科技的发展，伦理和法制意识的增强，在加强对转基因技术研究、管理和安全性评价的基础上，在正义的全球转基因秩序框架内，转基因技术会得到更大规模的发展，为社会生产和经济健康发展作出更大贡献，达到经济、社会和环境之间的和谐一致，实现人类社会的可持续发展。

第二节　生命专利与世界贫困、粮食主权

人口、食物、健康、环境、资源以及能源是21世纪人类面临的六大问题，科学研究出现学科交叉以及融合现象。在生命科学研究的层面上，以生物科学为平台着手解决人类面临的大问题越来越引起人们的关注，生命科学在21世纪自然科学研究中占据重要的位置，转基因技术研究便是其中之一。在转基因技术研究的过程中，收集、研究生物，尤其对经过人类干预的有生命物质赋予专利的申请权，打开了生物科技产业迅速发展的大门，与此同时，也存在着一系列有关转基因生命专利申请权公平性的争论。对生命信息的关注进而申请生命专利权，成为目前生物技术研究的新的关注点，但是，对于生命资源能否成为专利，成为专利后究竟存在哪些利弊，也是人们关注的焦点之一。尤其是在全球化的进程中，如何公平公正地利用转基因技术，转基因研究及种植等能否真正解决当下人类面临的食物、健康问题，在各国及垄断公司不断申请专利的同时，如何保护国家粮食主权成为本书研究的重要内容。

一、“生命专利”的再认识

（一）生物技术与专利

一直以来，专利权只是被应用到技术发明的项目上，但自20世纪80年代开始，专利被逐渐延伸到转基因生物研究和技术开发上，一些组织和国家开始对植物、动物和人类的基因资源及转基因动植物品种进行专利控制。

在生命专利的相关信息中，“标记”一词最值得注意。作为自然界的一

[1] 张文范：《应以战略高度重视、支持生物技术产业发展》，载《未来与发展》，2006年第3期，第2—4页。

种客观存在，标记不属于一种新发现的物质或产物，只是未被发现而已，换言之，不论人们发现与否，物质都是一种客观存在，当研究人员检测出其存在时，并不表明改变了物质的生存状态。如此说来，“生命专利”就存在一定的争议。一方面，为保护生物技术的发展，应该存在对生命专利的授权；另一方面，一旦对生命专利授权，就会引发一系列问题。比如，生命专利中基因源的问题，即这一专利中提供基因源的人或物，乃至国家如何享有“生命专利”，“生命专利”究竟属于基因源提供者还是技术研究者，抑或是共同拥有。目前的状况是，基因源提供者并未享受此专利，甚至在后期使用自己提供的基因研发产品时，还需要为此专利付出昂贵的费用，有学者形象地将这种情况称为“守着宝山的乞丐”[1]。由此基因源的提供者（基因主体）与生物技术研究专利的申请者之间出现了分离。生命专利利用法律的名义剥夺了基因原材料或基因提供者（基因所有人）对基因在先的合法权益。

对于生命专利的申请引发的再思考，我们首先想到的是，美国转基因研究公司用极小的代价得到我国东北野生黑大豆基因的原材料，并在研发的基础上申请了黑大豆基因专利，最终通过生命专利和基因专利的垄断获得高额利润。我国的农民非但未从中获利，反而在日后需支付高额的代价购买大豆的种植权才能继续种植，而我国作为基因生命的提供国也未获益。显而易见，这种“生命专利”中的不公平已经引起学界的讨论。美国的肿瘤研究所为了研究需要，每年从世界各地收集6000多种植物、动物以及海洋微生物的基因资源进行相关研究，而一旦研究产生成果，这些提供基因源的地区、国家乃至基因主体并不是生命专利的所有者或共有者，这些基因资源的提供者可能在适用这种基因专利的产物时并不能如技术研究者一样获利。这种状况，无形中加剧了世界的贫富分化。这也就产生了基因研究、生命专利获取过程中“基因剽窃”的结果。

（二）农民权和基因资源国家权

随着专利权意识的增强，关于基因研究中生命专利带来的一系列问题中，对于生物资源和生命专利的权属成为国际社会关注与争论的一个焦点。发展中国家占有丰富的基因资源，但基因技术却相对落后，而发达国家拥有先进的技术却存在基因资源的不足，于是通过“基因剽窃”的方式，发达国

[1] 唐中英：《基因专利的伦理探析》，湖南师范大学2010年博士学位论文，第121页。

家获取了丰厚的利益。而发展中国家的农民和发展中国家不仅未获得利益，还需要为拥有种植权承担更多的经济负担，因此，发展中国家与发达国家就农民权和基因资源国家权展开了长期的论战。

从古至今，在长期的种植历史中，农民群体在保存、改良与提供基因资源的过程中作出了重要贡献，这种贡献是丰富基因资源的前提，也是现代生物技术研究必需的遗传资源，因此在基因研究的生命专利中农民权也应该归结为知识产权的一部分，进而分享其中的利益。但目前的基因生命专利被少数转基因公司所垄断，甚至采用一种“终止子”技术剥夺了农民权。农民权与基因生命的关系类似于民间艺术和著作法权的关系[1]，专利法保护了著作权却在一定程度上忽视了更为基础和具有源泉性的资源价值。正如崔国斌所说：“这种权利却难以得到现代社会的专利制度或植物新品种保护制度的保护，因为它所附着的植物品种绝大多数难以满足专利法上的专利性标准或者植物新品种保护的类似要求。”[2]

谈到基因生命专利，除了上文提及的农民权外，我们需要考虑另一个主体——提供基因资源的国家利益，即基因资源国家主权。基因资源分布的不均衡性和各个国家转基因技术研究的不平衡性，造成了发展中国家拥有基因资源却未能获得更高的利益，而发达国家以技术的领先和专利的申请获得了巨大的收益，进而导致了转基因技术及其发展中各方所获利益的不均等性。为了维护不同国家的利益，实现全球正义，在转基因技术及研发中，我们提倡基因资源国家主权。上文提到的我国东北黑大豆基因资源被美国转基因剽窃后带来的利益差距过大的不合理现象等，昭示着基因资源主权的重要性。当然，世界各个发展中国家正在为此而不断努力。

1993 年，美国密西西比大学医疗中心向美国专利和商标局申请名为“在创伤治疗中姜黄的应用”的专利失败，主要是因为姜黄为印度的传统植物，此专利不仅侵犯了印度当地的姜黄基因资源，同时，侵犯了印度当地知识产权，当地人上百年来用此法疗伤。这也是发展中国家维护自己基因资源主权胜诉的一个鲜明的事例，从而为发展中国家维护自己的基因资源主权作出了榜样。究其实，这次姜黄基因专利案印度的胜利，不仅是发展中国家对基因

[1] 唐中英：《基因专利的伦理探析》，湖南师范大学 2010 年博士学位论文，第 121 页。

[2] 崔国斌：《基因技术的专利保护与利益分享》，载郑成思主编《知识产权文丛》（第 3 卷），北京：中国政法大学出版社 2000 年版，第 324 页。

资源主权的维护，更是对转基因研究中全球利益分配公正性的追求。

二、生命专利与世界贫困

人类历史上的任何一项重大发现，其最基本的目的应该是有助于人类科学地向前发展，造福人类，提供更好的解决问题的方法。在“全球共同体”的新概念之下，人类已经采取对话形式、和平方式共同处理问题，而关于在当前环境下的生命专利问题，即转基因问题的方方面面，想要达到全世界的“大同”和公平正义，还是任重道远，需要我们为此付出更多的努力。

（一）“生命专利”实现过程中的尴尬

我们在前面已经了解到，是否允许存在生命专利，企业或个人到底能不能拥有对生命的专利，这些问题在提出之初就产生了很大的争议，现在我们更深入地认识一下这些问题。生命本来就是一个存在，现在成为某一个企业或者个人的专利权利，这也许是人类在发展过程中从未面对过的问题，却也成了人类必须面对的问题，仔细分析，似乎其中充斥着一种矛盾。我们还是从一起生命专利的事例说起。

灵蔓是亚马孙盆地的土著居民种植的植物，它具有医药功用和宗教意义。在当地人的理念和信仰中，灵蔓是一种神圣的植物，它不仅赋予当地人自然知识，医治多种疾病，而且可以令人在幻觉中见到过去和未来。就是这种民众千百年来很熟悉，或者说已经融入其生命的东西突然有一天莫名其妙地成为冒险家的专利品，被别的国家申请成为一项专利。原来，在厄瓜多尔侨居的一位美国公民声称在其后花园“发现”了“新品种”——被称为 Bainisteriopsis 的植物，并通过一家叫作 Plant Medicine Corporation 的公司在美国取得独家开发和出售这种“新品种”植物的专利。他还计划在亚马孙盆地建立实验室开发利用他所“发现”的“新品种”植物的事业，梦想成为企业家。这个被申请为专利的“新品种”就是与亚马孙居民朝夕相处的灵蔓。

Plant Medicine Corporation 公司的这种行为激怒了亚马孙盆地的土著居民，亚马孙居民理所当然地拒绝、反对这项专利的申请。他们上诉至美国专利和商标局，对该项专利提出疑义并要求复审。在给予美国专利和商标局的信件中，厄瓜多尔的土著居民郑重提出：“这项专利凸显了当代西方的专利制度，遇上了存在其他文化背景的完全不同的发展、管理及分享知识的制度，引发出各种问题。”土著居民团体经过两年多坚持不懈的努力，面对法律和制度的挑战，终于在1999年11月赢得这场诉讼，该专利被撤销。类似的例子比比皆是，比如“玉米专利案”“印度香米专利案”，等等。

这些生命专利案凸显出生命专利制度不健全的问题，这种不健全的制度导致了“生物剽窃”现象，将别国生物基因“标记”，变为自己国家的生命专利，导致拥有该生物基因的国家不但没有获得经济效益，反而造成侵权。生命科学和生物产业的根本和基础，就是基因资源，离开了基因资源，关于生命科学的研究只能是泛泛而谈。按照有关基因资源保护和利用的国际公约以及知识产权保护法规，基因资源乃全世界、全人类所有，并无“专利”之谈。地球上的大多数遗传资源都集中在发展中国家，过去，提供和使用这些遗传资源大都是免费的。

地球基因资源是全人类的共同遗产，在过去，有关这一点是无可争议的。20世纪80年代之后，生命和基因首先在发达国家可以被作为专利而拥有，Plant Medicine Corporation公司的研究在很大程度上刺激、导致了国家、集团或者个人对基因的“抢注”，使得本属于全球的生物遗产资源成为大家争夺的焦点。这种现实告诉我们，在生命专利以及现有专利制度下，如果还是将遗传基因资源视为全人类的共同遗产，任由高科技公司或少数国家免费使用，这显然不利于欠发达国家。因此，最好的办法似乎是建立遗传基因资源权利和主权制度与遗传基因资源有偿利用制度。

这就是说，当前不完善的生命专利制度与不完善的遗传基因资源人类共有制度的结合，在当前各国转基因技术发展不均衡的现实情况下，极易造成全球的不公正，甚至导致或加剧世界贫困。这可以说是世界贫困的原因之一。当然，转基因导致世界贫困有着更复杂的机制，上面只是概略地讨论与介绍。下面我们借助一些理论进一步来研究转基因与世界贫困问题，以期对这一机制有一个全面的把握。

（二）世界贫困问题

人类历史发展的过程就是人类满足自身需求的过程。但这个发展并不意味着全面的发展，我们首先着眼于解决人类社会生存的基本问题，衣食温饱，在此基础上才能谈及人的全面而自由的发展和社会政治经济的发展。经济飞速发展的21世纪，世界经济发展的不平衡和贫困问题仍未得到良好的解决。消除贫困，实现公平正义始终是人们的远大目标和理想。无论转基因技术的研发、生产还是贸易，我们都在追求一种公平正义的发展。

然而在转基因发展及贸易中，转基因技术强国拥有极高的技术水平并垄断转基因种子的生产，这使得全球作物在种植时受到转基因技术强国的控制，或者说由于技术的落后，一些国家在生产中依附于转基因技术强国，这使全球转基因生产和贸易具有不均衡性。这种依附使得西方发达国家对发展中国家进行控制和掠夺。何为依附？按照多斯桑托斯的理论，依附是指某些国家的经济受到它们所依从的一些国家经济的发展和扩大的影响，即当主导国进行经济扩展和自我发展时，另一些依附国家仅仅是这种经济扩展的一种反映。主导国家的经济扩展和自我发展对其他国家可能产生积极或者消极的影响，这时的经济形式之间，以及这些国家和世界贸易之间相互依存的关系，就采取了依附的形式[1]。而在这种关系中，发达国家处于一个中心地位，获得了相应的优势和发展能力，而发展中国家，则成为一个被动的角色，处于一个外围的地位，也只能得到发达国家的资本输出。借助这个依附理论，我们不难理解，在转基因技术的研发、生产和贸易中，转基因的话语权掌握在那些拥有高技术的发达国家和一些垄断公司的手中。由此可知，这种技术上、生产上的依附会带来经济上、政治上的种种依附，造成或加剧了发展中国家的贫困。

纵观世界发展史，发达国家多多少少地参与奴役或者殖民统治发展中国家，同时也抢占了相对落后国家的自然资源，这导致发展中国家的经济体系的不完善，而且其在发展过程中必须依附于发达国家。在转基因研发过程中，关于生命专利和基因资源的获取，发达国家凭借技术优势和经济资源，掠夺或剽窃发展中国家的遗传资源，对转基因进行垄断研发，在生物技术发展过程中造成很多不平等的现象，长此以往，必将导致世界贫富差距越来越大，难以得到彻底解决。

不难发现，贫困国家基本上有一个共同的特点，过于大的人口基数，过于快速的人口增长速度。农业发展在这些国家贫困问题的解决过程中有着很明显的优势，因此，从一定程度来说，大力发展农业不失为解决贫困问题基本办法之一。然而立足全球，在转基因技术运用到农业生产中以后，转基因农业对传统农业构成很大的冲击和威胁，转基因的育种、种植及生产的优

---

〔1〕 石冰、李卯卯：《从依附的角度探讨世界贫困问题》，载《 全国商情（理论研究）》，2012 第 14 期，第 12—13 页。

势，使贫穷的国家不得不依附于技术强大的发达国家，并最终导致对发展中国家更大的掠夺和占有，贫富分化加剧。

面对转基因技术对发展中国家的冲击，以及一些国家无法很好处理这一现象、无法提供更好的有效的方案这一现实，我们需要在发展新的生物技术——转基因技术的同时，着眼于全球正义发展，通过转基因技术减少世界贫困，而不是使转基因技术成为掠夺社会财富、集聚社会财富的工具。

托马斯·博格是全球正义的主要倡导者之一，其代表作《世界贫困和人权：世界主义责任和改革》集中体现了他的全球正义观[1]。他认为，一些富裕国家及富裕公民的行为对全球的贫困人口造成了伤害，对全球贫困应该承担不伤害的消极责任（the negative duty not to harm）。这样的消极责任有两种：第一种是，一些富裕国家以及这些国家的富裕公民把不公正的全球秩序强加到贫穷国家特别是这些国家的贫困人口身上，前者从这种不公正的全球秩序中获益，而后者则是不公正的全球秩序的受害者；前者应致力于改革当前不公正的全球秩序，消除（减轻）世界贫困，对后者作出补偿。第二种是，富裕的国家和公民从产生全球贫困的不公正全球秩序中获益，即“从非正义中获益”，给全球贫困人口造成伤害，因而这些获益者应该对贫困人口承担补偿责任。虽然关于这种学说还存在一定的争议，但是这对全球正义问题的认识和解决有很好的帮助。的确，造成世界贫困的原因不是单一的，世界贫困也不是当今世界面临的一个小问题，而且各个国家之间对于如何共同解决世界贫困的问题还未达成共识。

在如今的情况之下，我们必须对贫困有一个深入、全面的理解。如果我们把世界贫困单纯界定为收入贫困，那未免有点望文生义了。我们应该从全球化的角度出发去认识贫困问题。当今的世界贫困绝不仅仅是指物质上存在的匮乏，剥夺对于人类发展而言最基本的机会与选择，造成的结果不仅仅是收入和粮食贫困，更重要的是固化了不公正。在我们看来，世界贫困是一种社会运行机制或社会制度，它以社会秩序的形式表现出来。因此，这里更为重要的是我们必须以“世界贫困”为出发点，去考察问题。换言之，要消除世界贫困，就要从各方面考虑，如从经济、文化、科技等方面来把握世界贫困的产生机制。

---

〔1〕俞丽霞：《全球贫困：“从非正义中获益”与消极责任》，载《世界经济与政治》，2010年第7期，第104—114、158页。

（三）全球经济正义之下的转基因技术与世界贫困问题

当前世界的主题是全球化，或者说是全球大同。中国有“中国梦”，那么全球就有“世界梦”，这个“梦”应包括如何有效地缓解或解决“世界贫困”。而这个“梦”的实现，需要发达国家和发展中国家的共同参与，并且这个参与应是科学的、积极的。为了解决这个问题，我们先来了解一下马克思主义的正义理论，这是我们分析问题与解决问题的根本指导思想与基本方法。

1. 马克思主义的正义思想。马克思的正义思想其前提是对现实社会经济学的深刻剖析。马克思抓住了生产关系概念来阐发其正义思想，最重要的是他对正义的关注不在于去建构一种正义的理想状态，而是要去找到一条实现正义目标的途径。

正义问题在经济领域凸显，主要是因为经济活动已经获得了相对于政治和社会关系的独立性，而且构成了政治、社会的基础。在西方资产阶级的主流道德哲学家认为“人道”“平等”“自由”等正义理念是自然法则时，马克思则把自己的正义理论建立在社会历史内容和社会结构之上，并以此分析与界定个人或者个体的本质，即人的本质是“一切社会关系的总和”，他认为，在所有的社会关系中，最基本的以至于能起最终决定作用的乃是经济关系。因此，在马克思看来，正义应该是特定的历史与社会的经济结构所派生出来的意识形态所形成的一个部分。判断一个社会制度是否公正，人类不能用抽象的、超时空的绝对自然法则，而是必须要以这种制度的基础生产方式，以及经济结构和经济关系来评定。

马克思的正义观念是革命性的。在马克思看来，社会生产关系的合理化调整或变革是实现社会正义的一个最为关键的因素。而且，马克思的经济正义理论揭示了经济正义在社会正义中的基础地位。经济正义体现在经济活动之中，它伴随着经济活动的全过程。一般来说，经济活动包括生产、交换、分配、消费等环节。在经济活动的各个环节都渗透着行为主体的正义追求，都存在正义问题，因而经济正义又表现为生产正义、交换正义、分配正义、消费正义。马克思认为，在现实的经济活动中，生产方式决定分配方式、交换方式和消费方式，生产关系决定分配关系、交换关系和消费关系。在这里，马克思的理论实际上涉及今天所说的形式正义与实质正义。形式正义一般是指对法律和制度的公正和一贯的执行，法律和制度应平等地适用于它们所规定的各类人群；实质正义是指制度本身的正义。

人类仅有形式正义是不够的，尽管形式正义对实质正义的实现具有巨大的保障作用。人类追求正义根本上是对实质正义的追求，所以，当我们谈论正义时，不应该仅局限于形式正义，还应该从形式正义进入到实质正义。这是马克思主义的正义理论给我们的一个启示，同时，马克思主义的正义理论也是一种实质正义理论。今天，我们在讨论转基因技术与世界贫困的问题时，也应该坚持这一理论与方法。

2. 转基因技术与世界贫困。转基因技术发展到今天出现的技术垄断现象，在一定程度上对于解决世界贫困的基本问题，造成了影响，甚至产生阻碍。发达国家与发展中国家之间出现的贸易摩擦与冲突，有些就与技术对话不积极、资源分享不公平、信息不公开等因素有关。这些问题都是转基因技术在发展过程中出现的应当解决的问题。只有解决了这些发展过程中的问题，转基因技术与国际贸易才能取得良好而持续的发展，进而为世界贫困问题的解决作出贡献。

联合国粮农组织的公开资料显示，2016 年，全球高达 8.04 亿的人口还处在饥饿状态和营养不良状态，2017 年这一数字上升为 8.21 亿。[1] 虽然当今世界人口每年增长的速度在下降，但是仍然以每年至少 8000 万的数量增长。而在地球上，担负着人类粮食生产的耕地面积仅占陆地面积的 18%，这些耕地面积不仅不能再增加，反而因为城市无休止的扩展以及部分地区土壤的沙化和退化，每年以惊人的速度在减少。若是人类连口粮问题都不能解决，如此下去，真的不敢想象以后的人类如何发展。

随着技术的不断发展，转基因技术已经能提高粮食的产量和作物的营养价值。例如，转基因作物可以提高蛋白质和碳水化合物以及维生素、微量元素的含量等，还可以基因的抗旱性、抗寒性，让作物在严酷条件下有可观的产量。这样的话，生物技术与转基因作物的推广在解决世界贫困的基本问题上能够发挥一定的作用。人们可以利用大量荒地和贫瘠的土地来进行粮食作物生产。人们对这一方法也寄予厚望。但是，转基因生物技术到底能否解决世界贫困的基本问题，仍然有争议。一种观点认为，转基因生物技术能很好地解决问题；另一种观点认为，世界贫困问题由粮食的分配不均所导致。

---

〔1〕“Food Security & Nutrition around the World”，in www.fao.org/state-of-food-security-nutrition/zh/，最后访问时间：2019 年 6 月 20 日。

而对于此，联合国曾指出："解决饥饿，正如它的起因一样，都是复杂的问题。"低收入、无收入、土壤贫瘠、环境恶化、旱灾或水灾、作物品种退化、种族冲突、战争、流行病肆虐、社会封闭等都是导致世界贫困的因素，而这些因素大多数都是直接的社会因素，或者虽然是自然因素，但由于相关的社会因素而导致问题更加严重。换言之，世界贫困是一个社会问题而不是自然技术问题，所以，要通过一项技术去解决一个由众多社会因素导致的巨大问题是不现实的，除非这项技术在社会应用中有着特殊的社会制度。

现实情况是，转基因技术及生产的垄断，一定程度上也阻碍了世界贫困问题解决的进程甚至加剧了这一问题。总之，现今的转基因技术已经有很大的进步，但在解决世界贫困的道路上，"生命专利"等制度的不健全导致转基因技术并不一定能够承担此重任，除非转基因技术在社会化应用时以全球经济正义为前提。

在这里必须要强调，转基因生物技术的发展，对于发展中国家的影响完全不同于"绿色革命"时代，现在已经没有了那个时代的"免费午餐"，多数发展中国家对于转基因作物的操控还面临着多方面的问题。最明显的就是缺乏有关生物技术安全性评估体系和规章制度，在制度体系下，技术的发展才相对有保障。发展中国家几乎对于大部分生物技术没有独立自主产权，这导致技术的发展缓慢，信息闭塞。同时，国家基层管理部门的监管能力差，有相当大一部分农民对于新技术还不能完全接受。在转基因生物技术的发展过程中，发展中国家可能会成为发达国家转基因生物的释放和试验基地，发展中国家却不会从中得到很大利益与相应的补偿和技术支援。通过观察现实不难发现，生物多样性研究中心多数是在发展中国家，发展中国家环境生态也十分脆弱，容易遭到破坏。在现有全球经济政治伦理格局与技术应用体系下，贫困国家不同程度地依附于发达国家与富裕国家。

"全球化"是21世纪的主题，世界贫困是全球所有国家都要面对的问题，如能够有共识，愿意建立新的制度，尤其是新的全球转基因制度，那么世界贫困问题终会得以解决。有国家曾经呼吁，建立动植物和微生物的"遗传护照"计划，旨在保证各个国家之间，能重建信任，能够公平地处理和共享遗传资源，防止"生物剽窃"现象的发生。虽然该计划的效果时至今日还不够明显，但也得到了部分国家的支持。

三、转基因技术下的粮食主权和粮食安全

面对世界贫困，粮食援助仍然是一项重要措施。世纪之交，非洲经历了长达两年多的干旱和洪水之后，赞比亚、马拉维等国家估计有1300万人面临饥荒。美国国际开发总署计划提供粮食援助，但这批援助的粮食是转基因食物。于是多数非洲国家拒绝了这批援助，原因是一旦接受援助，非洲人民会难以抵抗转基因作物带来的不确定性危害。由此看来，转基因技术下的粮食安全，不可忽视。如何避免这种不确定性的危害？这就提出了粮食主权与粮食安全的问题。

（一）转基因技术与国家粮食主权

1. 国家粮食主权的含义。粮食主权是国际农民组织“农民之路”于1996年在墨西哥召开其第二次国际会议时提出的。该组织认为，“所谓粮食主权，是指一个国家维持、发展其自身生产能力的权利，生产尊重文化多样性和生产多样性的基本粮食的权利”。该组织还认为粮食主权主要包含四个方面的内容：“生产性资源的获得、当地知识与技术、农业生态的生产方式、贸易与当地市场等四个方面的内容。”[1]

笔者认为，“农民之路”的粮食主权其实是人的生存权的必然要求。因为，粮食与人类最基本的生存权相关，是人类消除饥饿和实现真正的粮食安全的基础，所以，能够获取食品是生存权的基本内容。那么如何保障生存权、获取食品的权利的实现呢？这就需要粮食主权来保障，比如人能够获得生产性资源的要求就是这方面权利的反映。

而且，粮食主权保证了人民能够获取什么样的食品，是安全的还是不安全的。“农民之路”提出粮食主权的四个内容更多地反映了人民能够获取什么的食品。比如，人民能够获得的食品是以什么样的生产方式、运用什么样的知识生产出来的。一些人曾对运用现代科学知识以工厂化方式饲养家畜或家禽提出批评，并拒绝食用以此种方式生产出来的食品。而“农民之路”的粮食主权也将此项内容包括进去，并明确提出人们能够获得以农业生态的生产方式、运用当地知识与技术生产出来的食物。粮食主权的这方面的要求对

---

[1] 参见江虹：《发展中国家粮食主权的思考》，载《理论与改革》，2014年第5期，第69—72页。

转基因作物的生产提出了挑战。因为转基因食品的生产显然不是运用本地知识与技术生产出来的。至于转基因食品是不是以农业生态的方式生产出来，答案也不是完全肯定的，总有一些人对转基因食品的这种违背自然进化规律的生产方式抱有怀疑。当今一些国家或地区的市场出现“有机食品”概念便是对化学农业生产方式与转基因生产方式的否定。

主权在任何时候都应该得到尊重，所以，人们一般会认为粮食主权也应该如此。若如此，转基因作物的推广在全球就会遇到很大的障碍甚至陷入停滞。但是，我们也应该注意到，一般来说，主权应该属于国家。而“农民之路”只是一个民间组织或非政府组织，不属于国家或政府间的国际组织，这从它的组织人员就可看出来。“该组织（即‘农民之路’）于1992年创立，主要由农民、农场工人、家庭农场主、失地农民、农村妇女和青年以及土著农民所组成。”[1]所以，一个民间组织提出的“粮食主权”主张在当前国际法律体系下是不具有法律效力的。但是，这种主张在全球社会层面却是有效的，如果这种社会运动不断扩大，它就会成为一股巨大的社会力量。因此，从全球正义的角度来看，这个所谓的“粮食主权”组织需要引起我们的注意。而且它本来就应该是全球正义关注的对象，这从我们在第二章对全球正义与国际正义概念的厘清中就可看出。

如果不涉及粮食主权的具体内容，我们认为粮食主权属于主权国家或政府间国际组织。下面我们就从国家主权意义上的粮食主权与“农民之路”内容意义上的粮食主权结合的角度，讨论转基因技术与国家粮食主权问题。

2. 转基因技术与国家粮食主权。从全球经济正义的视角出发，转基因技术在一个国家的粮食主权中有着重要的地位。这个地位体现在，大到国家，小到集体或个人，都无权对一个国家的粮食主权进行剥夺与干涉。以美国为例，在当今世界，美国的转基因生物技术最为先进，并且该国的转基因作物商业化程度最高。从国家粮食主权的角度来看，美国对于转基因技术条件下的国家粮食主权是相当重视的。比如，美国对本国的转基因作物进行了相关知识产权的保护，还采取了三种不同的保护模式相结合的方式。这些措施对美国而言无疑都是对的，别国似乎也无权干涉。

但这里涉及的问题是，一个国家如何行使它的主权，比如美国如何保护

---

〔1〕 参见江虹：《发展中国家粮食主权的思考》，载《理论与改革》，2014年第5期，第69—72页。

相关的知识产权，为了保护相关的知识产权又确立什么样的知识产权制度。一个国家在行使其粮食主权时，转基因生物技术是否存在生物剽窃，是否拥有生物专利，如果有生物剽窃行为，那么这种有利于本国的粮食主权的行为就侵犯了他国的利益。在转基因生物技术与国家粮食主权相遇时，如何处理两者的关系，这是必须要弄清楚的。在这两者中没有孰轻孰重之观念，而应该从全球经济正义出发。但是"生命专利"的出现，使得国家粮食主权的问题变得模糊，界限不明。相关国家在一味地追求经济利益的同时，将"生命专利"相关知识用于不正当的竞争，这个不正当的竞争从不同的层面限定了相关国家实施有利于本国人民的措施。

前文已说过，粮食主权要求当地知识以及资源、技术能够帮助或促进当地农业的发展，并且这个发展不受外界因素的左右，而是向适合本国情况的方向发展。但是，就目前的发展来讲，在本该合作互赢的阶段却搞起了"生命专利"，并且这个"专利"的制度也不够健全，明显具有以发达国家为中心的意味，有偏离粮食主权的苗头。所以，为了防止这些不该出现的情况发生，我们认为在转基因技术推广应用时应该将全球经济正义放在首位。之所以把全球经济正义放在首位，放在第一个需要考虑的位置，是因为在当今全球化的大环境之下，发展都是以系统的、统筹的方式进行的，技术的发展也不例外。那么技术的发展，尤其是转基因技术的发展，怎样才能做到与全球经济正义这个关键词相关联呢？其实就是做到相关制度健全、公正利用转基因技术、公正分配与利用全球的基因资源等。中国作为一个在短时间内迅速发展的发展中国家，作为一个转基因技术发展水平比其他发展中国家相对高的国家，在全球经济正义的实现过程中应该扮演一个正义的角色，充分利用我国文化特色与我国的社会主义制度特色，促使转基因生物技术在全球经济正义这个框架下得到良好的、公正的发展，并在转基因生物技术与国家粮食主权的问题上，作出积极的贡献。

从全球范围来看，处理好转基因生物技术与全球经济正义的关系，就是要尊重各个国家的文化传统、社会环境、经济体系等，从当地自身情况出发，在世界范围内进行文化融合、技术融合等。

（二）粮食安全不容忽视

转基因生物及其产品的环境安全问题，一直是国际社会关注的焦点，尤其是面临环境污染、能源枯竭等问题，转基因生物技术及其附属产品的安全，更是不容忽视。一旦没有恰当使用和推广，那么技术产生的不良后果对世界的发展无疑是雪上加霜。面对转基因问题，《生物安全议定书》的颁布有重大意义。

“民以食为天，食以粮为本。”人类的衣食住行可以说离不开农业，农业可以说是人类赖以生存的基础。从人类掌握农业技术的那一天起，就开始不断地改进农业技术，提高农业产品的质量。我们熟知的农业的三次历史性的飞跃，都不同程度地提高了世界上农作物的产量。但是随着世界人口的不断增长，人均可耕地面积的减少，还有环境等问题的出现，都导致粮食短缺成为大问题。

这个时候，转基因生物技术的出现，就使得整个生命科学的研究发生了前所未有的深刻变化，也为农业生产和国民经济带来了巨大的社会效益。转基因农作物的出现，使得人类能够充分利用植物遗传资源，也使得人类自身拥有了更多的选择权。通过转基因植物技术促进了农作物新品种的培育。

粮食是人类生存和发展的必要条件，也是国家存在和安全的基础，它不仅是一种普通百姓日常需要的商品，更是一种重要的国家战略资源。粮食安全是国家安全的基础，国家粮食安全关系着一国政治、经济与社会发展，关系着一个国家和社会的稳定局面，关系着国家主权的维护，是具有全局性的重大战略问题，是治国安邦的头等大事，无论在古代还是在今天都有着非常重要的意义。

不过，粮食安全的定义却是一个不断发展与完善的过程：从粮食的数量安全到质量安全，从国家层面的粮食安全到家庭层面的粮食安全，从单一的营养安全到可持续安全。不管概念如何演变，其基本的、核心的内容却是不变的：保证所有人都有权利得到最基本的食物。

在转基因作物不断推广的今天，粮食安全也与转基因食物联系了起来。转基因技术的飞速发展和广泛应用给人类生活带来深刻的变化，在产生巨大经济效益和社会效应的同时，转基因食品安全问题也日益凸显，受到国际社会、各国政府和公众的高度关注，从一个单纯的科学问题，演变成为一个涉及政治、经济、法律、伦理等因素的复杂的社会问题。可以说，这个问题关乎国家、转基因技术拥有者、转基因食品生产经营者和消费者的根本利益。而转基因食品安全风险的复杂性和不确定性对政府规制也提出了更高的要求。

与转基因食品相关的粮食安全问题在国际层面的表现主要有：发达国家

的跨国公司可以肆意地掠夺发展中国家的野生遗传资源，并就该资源申请转基因技术专利，进而控制他国的农业。这种掠夺和剽窃，对他国的粮食安全造成了严重的威胁。巴西、中国等国的一些产业链被跨国公司控制就是实例。

就国际层面的粮食安全问题而言，各个国家应该采取如下一些对策：一是尽力发展本国的转基因技术，从根本上摆脱对技术发达国家的依附。二是在确保生态环境安全的前提下，推广转基因作物的商业化种植，提高本国的粮食产量，真正做到“手中有粮”。三是积极推动与粮食安全相关的全球转基因法律制度的建立与健全，一方面使这些法律达到实质公平，能够真正公平地维护各国的粮食安全，另一方面使防止生物剽窃行为于法有依。比如，有人认为，我国投入巨资对转基因技术进行了研究，并且我国在转基因技术方面已经取得了一些令人瞩目的成就，包括2009年农业部批准的两种转基因水稻（Bt转基因水稻和CpTI转基因水稻）的安全证书，我们完全可以用我们自己的技术进行产业化的种植从而保证粮食安全。但是，根据有关报道，我国已经发放安全证书的两种转基因水稻，没有拥有完整独立的知识产权，被指涉及12项国外专利，而这些专利技术分别属于美国杜邦、德国拜耳、美国孟山都等跨国生物技术公司。对这一报道的真实性，我们尚不能确定。如果报道属实，那么，我们大面积产业化种植转基因主粮，就有可能会因为专利权属问题将粮食的控制权交给跨国公司，从而影响我国的粮食安全。显然，当前的相关专利制度是不公平的。我们应该积极参与这方面规则的制定与重塑，以维护我们的粮食安全。

与转基因食品相关的粮食安全在社会微观层面的表现是：自从转基因食品进入市场以来，一直存在着转基因食品是否会对人的身体健康造成伤害的争议。一些消费者对于转基因食品心存戒备，小心谨慎。但是转基因食品的生产商和销售商为了不影响其商品的销售，或者宣传转基因食品是安全的，或者置消费者的知情权于不顾，经常采用隐瞒转基因成分或者与其他非转基因食品进行混装的方式来进行销售。比如，我们在超市或者农贸市场购买木瓜时，看不到任何转基因的标识，而事实上市场上销售的木瓜基本上都是转基因产品。之所以会出现这种情形，与社会微观层面的食品安全问题的复杂性有关。

这种复杂性与技术水平有一定关系。因为有些事物的不安全性要经过相当长一段时间才会显现出来，转基因食品也存在这种情况，所以它是否安全从技术层面看还是不确定的。一些人或民间组织认为，人类对于基因的研究还只是在初级阶段，对于基因的掌控还远远没有达到完全控制的程度，如果贸然将外源基因注入生物体内，将几种不同本源的基因混合在一起，是否会造成严重的后果，需要相当长的一段时间来观察和检验，而现在没有任何生活证据与历史证据可以直接证明人类长期食用转基因食品是安全可靠的。这种复杂性还与安全的相对性有关。一事物可能此时安全而彼时不安全，对此人安全对彼人则不安全。这种情形总是发生在转基因食品身上。这种安全问题的复杂性还与相关制度落实的程度有关。如果科学家或生产商不严格遵守相关规定，就会导致基因污染事件的发生。这些情形都会引发人们对转基因食品安全性的担忧。

尽管人们担心转基因食品的安全性，但从目前转基因技术的发展形势来看，转基因技术运用于粮食生产是必然趋势。从转基因食品安全的复杂性分析中可以看出，人们担忧转基因食品安全性的理由并不构成限制转基因食品生产的强有力理由，甚至技术层面的不确定性也不能构成限制转基因食品生产的理由。从现在的情况来看，市场上的转基因食品都是相对安全的。如果某种转基因食品从整体上说是不安全的（即对相对多的人来说是不安全的），它是不会被批准进入市场的。

鉴于转基因食品安全关乎人类生命安全与健康，兹事体大，我们也不能掉以轻心，而应加强这方面的研究。虽然现有的研究已从各个角度分析了转基因技术对粮食安全的影响，使我们能够更加全面地审视我国转基因视角上的粮食安全，但是，现有研究还存在一些不足之处，今后应该加强这些方面的研究。

第一，对消费者的选择权重视不够。转基因食品作为商品，其生产和流通不能完全由市场来决定，市场这只“看不见的手”也有失灵的时候，因此需要政府这只“有形的手”适时适度的配合。具体来说，首先，政府应对转基因产品的标识制度作出确定的、明晰的规定，以便消费者在市场上能够拥有充分的知情权。转基因的安全性问题不是政府官员、科研人员说安全就安全，而应该让民众去选择。理性的消费者会对市场中的转基因产品及非转基因产品进行对比分析和选择，转基因技术到底应不应该运用于粮食生产最终将会由市场的供求情况决定。其次，吸取阿根廷农业及中国大豆产业的经验与教训，为避免发达国家及跨国粮商对我国粮食主权的侵害，国家应积极研发转基因技术，并将其作为技术储备，以备不时之需。第二，现有研究缺乏跨学科、综合性的思考。转基因技术是生物技术的一种，粮食安全涉及经济问题、政治问题等，争辩双方的争论过程又是一场关于利益的博弈。因此，转基因视角的粮食安全问题是一个跨学科的问题，在分析问题时可以综合各个学科，寻找更有利的分析工具。

总之，若各个国家能从整个人类的生存与发展出发，从全球经济正义角度出发，生命专利问题、世界贫困问题以及粮食安全问题就有希望得到解决。

第五章　转基因国际贸易中的正义问题

转基因技术在人类生活的多个领域，如医药、农业以及环境产业等领域给人类带来了极大的机遇和福音。依靠转基因技术，人们在医学领域研制出预防和治疗疾病的新药物，在农业领域研发出转基因种子，如 Bt 抗虫棉，减少了农药的使用，减少了污染，也降低种植成本，带来亩产量的增加，其他优质基因的植入提高了食物的口味和营养，等等。但与此同时，转基因生物进入大自然后，由于基因转移和基因逃逸，转基因生物会影响、破坏生物的多样性。另外，转基因产品作为食物和饲料分别被人和动物食用，其不确定性的危害可能产生某种毒理作用和过敏反应，从而给人和动物的健康和生命带来潜在的风险和危害，甚至对人体的生长发育造成影响，还可能引起某种疾病的流行。

转基因给人类社会带来机遇的同时也刺激着人类通过这种手段追求利益。在利润驱使下，与转基因相关的世界贸易频繁起来了。在全球化、经济一体化的国际大环境下，在国与国之间的贸易交流中，基因安全、食品安全问题成为人们关注的对象，从而引发一系列的转基因贸易争端。因此，转基因产品及其贸易引起社会各界的关注。针对转基因生物的开发、试验、加工，其越境转移时除了确保科技的优势及其带给人类的正向的福音和收益，实现正义和公平外，还需要一个有力、有效的支持性的制度框架，从而既使转基因技术为社会和人类带来巨大收益，也可以规避和减少转基因技术带来的潜在风险、危害。

第一节　《生物安全议定书》与 WTO 有关规则

目前，关于转基因生物的国际立法主要有两个：一是《卡塔赫纳生物安全议定书》，其目的是确保转基因改性活生物体安全转移、处理和应用，以规避转基因给人类健康和生态环境可能带来的风险；二是世贸组织（WTO）制度，其目标是通过关税减让与对非关税壁垒的管制以实现自由贸易，促进与转基因相关产品的全球贸易，让所有人都可享受转基因技术带来的福利。

一、《生物安全议定书》的产生及其有关规则

（一）《生物安全议定书》的产生

半个多世纪以来，我们看到现代生物技术飞速发展，研究人员将提取的一种动、植物的基因植入另一动物或植物的细胞里，就会获得一种理想的生物。1983 年，一种含有抗生素抗体的烟草被美国培育出来，这是国际上第一种转基因植物，同年，延熟转基因西红柿研制成功，之后还有 Bt 抗虫棉，含有鱼基因的西红柿，等等。一方面，基因技术的发展，使人们培育出了并未改变原有生物品种的理想物种，利用基因改变或基因修饰的方法产生了转基因物种；另一方面，这种技术也给我们带来了一定的风险和可能的危害，如基因污染和基因侵蚀会对传统作物产生很大影响，威胁到生态系统和自然环境的安全，尤其是这些转基因生物在国与国之间越境转移、处理和使用时，还存在一系列的争端和贸易壁垒。考虑到转基因生物给自然环境和生态系统的生物多样性带来危害，《生物多样性条约》缔约国大会经过多次商议，最终达成《卡塔赫纳生物安全议定书》，即是针对改性活生物体的安全转移、处理和使用，尤其针对越境转移问题制定的一套安全规则。

在 1992 年里约热内卢联合国环境与发展大会上签署的《21 世纪议程》和《生物安全多样性公约》文件的基础上，国际社会经过近八年的协商和谈判，在 2000 年 1 月通过了《卡塔赫纳生物安全议定书》。《生物安全议定书》重申了《关于环境与发展的里约宣言》中所订立的预先防范原则，承续了《生物多样性公约》缔约国大会中提出的“事先知情同意”这一程序性制度，要求对转基因产品进行标识，为转基因生物的越境转移设定了初步的国际法规则，因此被认定为国际社会第一部管理转基因生物的法律文件。2000 年 1 月 24 日至 28 日，来自 133 个政府及众多非政府组织、工业组织和科学领域的 750 名代表，参加了公约缔约国大会第三次会议，通过了第一个重要的国际环境条约——《卡塔赫纳生物安全议定书》。2000 年 5 月

15日至26日在内罗毕开放签约，中国也于2000年8月8日签署《生物安全议定书》。

（二）《卡塔赫纳生物安全议定书》的有关规则

1. 事先知情同意程序（AIA）。事先知情同意程序是《卡塔赫纳生物安全议定书》的中心机制。转基因技术会给生态环境、生物多样性及人类健康带来严重的危害及后果。但目前鉴于多种原因，其危害和后果未能有明确的鉴定结果。为了防止不可逆转的或更为严酷的结果出现，基于风险预防原则、公平责任原则、国家主权与不损坏国外环境责任原则，以及国际合作原则等法律基础原则，在转基因生物进出口的越境转移中，以预防为基础的事先知情同意程序成为转基因生物越境转移的一个较为公平、有效的程序。

事先知情同意基于法律中的预防原则。预防原则，其含义为当存在严重危害环境或人类健康的风险时，不能以缺少充分的科学证据为由，而推迟采取保护环境的行动[1]。转基因对人类的危害在现有的时间段尚未出现，或因技术检测等不同因素，转基因对人类社会、个体身体乃至自然环境的危害尚未取得明显的或确凿的证据，也尚难以确认其危害，但这些并不能成为阻止我们提前采取措施、避免风险的理由。

预防原则，是在20世纪70年代德国环境法中出现的，1987年国际北海大会通过的《北海宣言》中亦提出预防原则，1992年联合国环境与发展大会通过的《里约热内卢宣言》第15条原则规定："为了保护环境，各国应根据其能力广泛运用预防的方法，在有严重或不可挽回的损害的威胁时，缺乏充分的科学确定性不应被用来作为迟延采取防止环境恶化的有效措施的理由。"1992年的《气候变化框架公约》以及1992年5月通过的《生物多样性公约》等都规定了预防原则，由此可见，预防原则得到国际环境法的普遍认可。

生物技术，尤其是转基因技术及其产物对人类的健康和自然环境的危害表现为一种不确定性，但明确断言转基因生物没有危害也缺乏科学证据。这是因为大自然的发展及其环境的演变存在着复杂的机制，同时，人类的认识水平还存在一定的局限性，目前对转基因的认识难免滞后。因此，单靠科学研究和证明无法有效确保生物安全、经济安全及国家安全。为了避免这种局限和滞后带来更严重的后果，预防原则便成为转基因研究、实施等过程中解

---

〔1〕 See *The American Journal of International Law*, Vol. 96, p. 1016.

决生物安全保护问题的一个有效原则，而以预防为依据的事先知情同意，也成为《卡塔赫纳生物安全议定书》处理转基因问题的核心原则。

关于事先知情同意的法律沿革，可以追溯到医学实验领域1767年英国的Slater案及1946年《纽伦堡法典》基础上的医务人员向患者提供足够信息确保患者的自主选择，实质是对患者给予尊重，使受试者免于受到无法预料的伤害。在国际法领域，事先知情同意原则最先适用于危险物质的越境转移、使用和处理等活动领域，旨在加强保护人类健康及自然环境。《生物多样性公约》在第15（5）条中规定了遗传资源的获取须经提供这种资源的缔约国事先知情同意，以防范某些国家的组织或个人以诱骗的手段获取利益而对发展中国家的利益造成损害。

《生物安全议定书》“对生物多样性的保存和可持续使用采取充分的保护措施”。《生物安全议定书》所规定的事先知情同意程序主要体现在第7条、第8条、第9条、第10条、第11条等。第7（1）条与第8（1）条提出，知情同意程序适用于出口缔约方拟有意向进口缔约方引入改性活生物体，应在首次越境转移改性活生物体前通知进口缔约方的国家主管部门；第9（1）条规定，进口缔约方应于收到通知后九十天内以书面形式向发出通知者确认已经收到通知；第10条规定，进口缔约方应在收到通知后二百七十天内，在对改性活生物体（LMO）引入本土环境的风险评估的基础上，书面作出是否同意改性活生物体的越境转移的决定以及相应的理由；第10条同时规定，即使进口缔约方未能在收到通知二百七十天内通报其决定，也不应意味着该缔约方对有意越境转移的同意；第11条规定，进口缔约方对改性活生物体在生物多样性和可持续性使用产生的潜在不利影响，未掌握充分的相关科学资料和知识而缺乏科学定论，亦不妨碍进口缔约方酌情就拟直接作食物、饲料或加工之用的改性活生物体的进口作出决定，避免或最大限度减少此类潜在的不利影响。缔约方可表明其对改性活生物体方面得到的财务和技术援助，及其在相关的能力建设方面的需要，缔约方应相互合作。当决定需要复审时，《生物安全议定书》第12条规定，“进口缔约方可随时根据对生物多样性的保护和可持续使用的潜在不利影响方面的新的科学资料，并顾及对人类健康构成的风险，审查并更改其已就改性活生物体的有意越境转移作出的决定”。进口缔约方或发出通知者在下列情况下，可要求复审：（1）发生了可能会影响到当时作出此项决定时所依据的风险评估结果的情况变化，或（2）又获得了其他相关的科学或技术信息资料，进口缔约方应于九十天内对此种要求作出书面回复，并说明其所作决定的依据，进口缔约方可自行斟酌决定是否要求对后续进口进行风险评估。换言之，在科学证据不充分时，不妨碍进口缔约方作出避免或最大限度减少潜在不利影响的决定。

2. 风险评估及风险管理规定。《卡塔赫纳生物安全议定书》在处理转基因问题尤其是改性活生物体的使用、处理和越境转移时，在预防原则的基础上，为缔约方规定了事先知情同意程序，缔约方出口国履行事先知情同意程序作出决定前，应确保对转基因改性活体生物进行风险评估，尽量减少潜在的风险。《生物安全议定书》第15条“风险评估”规定，依照“附件三的规定”，采用已经得到公认的风险评估技术，以科学上的合理方式作出评估。根据第8条所提供的资料和现有的科学证据作为评估所依据的最低限度资料，以期确定和评价改性活体生物可能对生物多样性的保护和可持续使用产生的不利影响，并顾及对人类健康构成的风险。在对改性活生物体进行风险评估时，进口缔约方按照第10条作出决定而进行风险评估，进口方若不具备风险评估的技术、手段和设备，可以要求出口国进行此种风险评估。同时，针对风险评估费用规定，如果进口缔约方要求发出通知者承担费用，则通知发出者应承担此项费用。

转基因风险评估基于转基因危害的不确定性，我们举例说明。1996—2014年，全球转基因作物的累计种植面积由 170×10^4 公顷发展到 1.815×10^8 公顷，其中转基因玉米、大豆、棉花、水稻等为主要栽培品种[1]。对于转基因Bt玉米和Bt棉花等作物，其抗虫基因为害虫的防治提供了一条有效的、经济的途径，但其含有的Bt蛋白的毒性对生态环境风险的评估一直是人们关注的对象。关于Bt水稻的生态风险评估的试验，以往大多数集中在对弹尾目昆虫的影响的试验上，试验结果显示，和传统水稻相比没有很大差异。而在美国的一组试验中，测试对比抗虫转CrylAb基因玉米对于君主斑蝶(Danausp lexippus)幼虫的影响，发现抗虫转CrylAb基因玉米对君主斑蝶的生长发育具有显著的不利影响[2]；而在加拿大开展的农田生态系统检测和调查试验中，结果表明CrylAb基因抗虫玉米花粉对君主斑蝶种群的生存并不

---

〔1〕程苗苗等：《Bt水稻还田对赤子爱胜蚓生长发育和生殖的影响》，载《应用生态学报》，2016年第11期，第53—58页。

〔2〕Losey J E，Rayor L S，Carter M E，“Transgenic Pollen Harms Monarch Larvae”，*Nature*，1999，399：214.

构成实际威胁[1]。程苗苗等人对 Bt 基因作物的秸秆还田后，Bt 蛋白进入土壤对蚯蚓的生长发育和生殖的影响进行了测试。风险测试和评估试验表明，较高还田量的 Bt 水稻秸秆对赤子爱胜蚯蚓的存活率有抑制作用，但对其生长率和生殖没有不利影响，但 Bt 作物还田后释放的 CrylAb 蛋白的摄取对多世代蚯蚓存活率、生长发育及生殖的影响还是未知数，需要经过多世代的试验[2]。由此，转基因改性生物对环境的影响有待于进一步研究，对转基因的风险评估很有必要性。

由此，依照《生物安全议定书》风险评估和管理条例，转基因生物越境转移风险评估必须遵循的原则包括：（1）缺少科学知识或科学共识不应必然地被解释为有一定程度的风险、没有风险或者有可以接受的风险；（2）应结合存在于可能的接受环境中的未改变的受体或亲本生物体所构成的风险来考虑改性活生物体或其产品所涉及的风险；（3）风险评估应以具体情况具体处理的方式进行[3]。

3. 《卡塔赫纳生物安全议定书》对转基因食品标识的规定。转基因生物技术最有可能在生态环境、生物多样性和健康方面给人类造成不良后果，尤其针对人类健康，转基因食物或含有转基因成分的食物是否对人类健康造成影响，成为人们关注的一个重要方面。目前，科学技术并不能完全证明转基因或含有转基因成分的食物会给人类带来危害，虽然有使用转基因食品后发生呕吐等不舒服的现象，但世界范围内还没有发生转基因食品安全事故。从科学研究的角度看，科学界也不能排除转基因潜在的危险，但又拿不出确凿的证据证明其安全性。这种不确定因素的存在，势必会在消费者中引起恐慌。同等情况下，有些消费者会选择非转基因的产品而不是转基因产品。而对于食品的认识或判断，由于信息不对称，消费者无法明确获取并判断该食品的性质，即无法判断所购买的食物是否是转基因食品或含有转基因成分。即使已知是转基因食品，消费者也无法依靠自身的知识判断该食品中所含有的转基因对人体有无危害或潜在危害的大小。根据事先知情同意原则，消费

---

〔1〕 M. K. Sears, R. L. Hellmich, D. E. Stanley-Horn, K. S. Oberhauser, J. M. Pleasants, H. R. Mattila, Siegfried B. D. and G. P. Dively , *Impact of Bt Corn Pollen on Monarch Butterfly Populations: A Risk Assessment.* Proceedings of the National Academy of Sciences of the United States of America, 2001, 98 (21): 11937-11942.

〔2〕 程苗苗等:《Bt 水稻还田对赤子爱胜蚓生长发育和生殖的影响》，载《应用生态学报》，2016 年第 11 期，第 53—58 页。

〔3〕 黄嘉珍:《国际环境法上风险预防原则评述》，载《法治论丛》，2009 年第 4 期，第 60—67 页。

者有权利要求获悉食品的特性和加工原料，而消费者获得食品信息的主要渠道是通过食品标签。因此，转基因食品标识就成为大众关注的一个重要问题。如果转基因食品中的信息被屏蔽或消费者无从知道，一旦引发转基因食品安全隐患的公共事件，来自政府和专家的转基因食品安全性测试报告的可信度就会大打折扣，而且对于该类产品的反对和抵触就会从少数人辐射到国家和国际层面，甚至会使人们对整个基因工程技术失去信心〔1〕。当转基因食品扩展、涉及国家与国家对外交往的贸易方面时，食品标识就成为国际贸易中的一个重要问题，而且随之也可能会带来一些贸易壁垒。

2016年，中国蔬菜流通协会番茄专业委员会在全国番茄产销对接会上发布的报告显示，近年来中国番茄产品的出口遇到严重的贸易壁垒：菲律宾、韩国、沙特阿拉伯、斯里兰卡等国要求我国对出口的番茄酱出具非转基因证书；因为出口的番茄酱被检测出亚硝酸盐含量高，澳大利亚要求停止购买合同；德国则要求按照欧盟农药残留检测标准对我国出口的番茄酱进行限制……这些标准和要求，不仅制约了我国番茄酱产品的出口，而且对番茄出口产品的质量提出更高的要求〔2〕。由此看来，对转基因食品的标签制度，既是国际贸易中的基本要求，也是日常生活中消费者知情权的需要。转基因食物的标识成为转基因技术发展及国际贸易中备受关注的一个问题。

对于转基因食品的标识规制或标签制度，目前存在两种情形：自愿标识制度和强制标识制度。自愿标识制度，以美国为代表，加拿大、新西兰、巴西、墨西哥等转基因作物种植和出口大国站在了美国一边，它们反对对转基因产物或食品的强制标识，认为对转基因食品的标识应该以科学理性为依据，只有当转基因及其产品在科学证据充分证明是不安全的情况下，才有必要对转基因及其食品实施强制性标识。现在，世界范围内并不存在这种不安全的科学依据，换言之，转基因食品在效用方面和传统非转基因食品没有很大差别，同时科学也未检查出其危害。按照实质等同原理，转基因食品和非转基因食品没有本质区别，所以对转基因的标识要求应该宽松，或者无须标识。强制性标识制度，以欧盟为代表，欧盟、澳大利亚和新西兰要求全面标识，欧盟采取转基因强制性标识的这种做法以预防原则为依据，也是对消费

---

〔1〕 徐淑萍著：《贸易与环境的法律问题研究》，武汉：武汉大学出版社2002年版，第186页。

〔2〕 雷敏：《中国番茄制品出口遭遇技术性贸易壁垒》，载《中国贸易报》，2016年5月31日，第6版。

者的尊重和基于消费者的知情权，有利于实现对消费者的高标准健康保护，即使当下的科学并未证明转基因及其食品存在不安全的隐患，也要严格对转基因成分进行标识。欧盟认为，转基因当下不存在安全隐患并不意味着转基因食品是永久安全的，也有可能在将来某一时刻出现使用该食品的不良反应，由此欧盟对转基因食品的标记要求是严格的、强制性的。介于美国和欧盟对转基因食品两种态度之间的是以日本、韩国等为代表的有限度标识制度。日本 2001 年之前对转基因产品实行自愿性标识制度，2001 年 4 月起，日本要求进入日本的转基因产品实施一系列强制性标识制度，在面积小于 30 平方厘米的包装上无须进行标识；为实施这一制度，日本要求进口国对超过 5% 的转基因含量的货物进行标识，含量在 1% —5% 的应当标识为“可能含有”，而低于 1% 含量的转基因物质无须进行标识[1]。当然，以欧盟和美国为代表的对转基因食品标识制度的不同态度或对立实质是欧盟和美国在转基因食品贸易上的争端和利益冲突的体现。各国的转基因标签制度的不同，给国际贸易带来了较大的影响，与自愿标志制度相比较，强制性标志更容易引起贸易争端。

《卡塔赫纳生物安全议定书》是目前国际法层面上最为重要的规制转基因生物安全的多边国际条约，其前身可以追溯至《生物多样性公约》。

1992 年签署的《生物多样性公约》第 8 条规定，每一缔约国应“制定或采取办法以酌情管制、管理或控制由生物技术改变的活生物体在使用和释放时可能产生的危险，即可能对环境产生不利影响，从而影响到生物多样性的保护和持久使用，也要考虑到对人类健康的危险”；“防止引进、控制或清除那些威胁到生态环系统、生境或者物种的外来物种”。

基于在 1992 年联合国环境与发展大会上签署的《21 世纪议程》和《生物安全多样性公约》等文件，《卡塔赫纳生物安全议定书》按照预防、事先知情同意程序、风险评估制度、标识制度、损害赔偿责任等原则，强化了转基因标识要求：出口的产品需要事先告知进口国当局，并在进口国当局的审核评估后方可入境销售，即转基因改性活生物体在越境时需要得到进口国的同意，以确保转基因产品越境转移的生物安全性。由此，《生物安全议定书》成为国际贸易生物安全及国际环境法上的里程碑。

《生物安全议定书》关于“标识”的规定集中在第 18 条，其规定拟供食

[1] 薛达元主编：《转基因生物安全与管理》，北京：科学出版社 2009 年版，第 194 页。

物、饲料和加工之用的基因改造生物在跨境转移中应附有单据，说明其中“可能含有”基因改造生物。第 18 条“处理、运输、包装和标志”中要求缔约方参照有关国际规则和标准，采取必要措施确保改性活生物体在安全条件下进行处理、包装和运输，以避免对生物多样性的保护和可持续使用产生不利影响。除第 18（2）条（a）款指出，应附有单据，说明其中“可能含有”改性活生物体外，第 18（2）条（b）款要求附上相关信息资料的联络点以便进一步索取资料，包括接收改性活生物体的个人和机构的名称和地址。第 18（2）条（c）款指出，那些拟有意引入进口缔约方的环境的改性活生物体，以及该议定书范围内任何其他改性活生物体，同时应附有详细单据，明确将其标明为改性活生物体，还要说明其名称、特征及相关的特性和/或特点，关于安全处理、储存、运输和使用的任何要求，以及供进一步索取信息资料的联络点，并酌情提供进口者和出口者的详细名称和地址；列出关于所涉转移符合本议定书中适用于出口者的规定的声明。

《生物安全议定书》对转基因生物标识的规定和要求，对转基因产品或作物的国际贸易是一个极大的制约。这种规定给了转基因进口国以很大的处理转基因贸易的权利。因此，从《生物安全议定书》文本达成后的第一次缔约方会议始，有关转基因活生物体在越境转移时的标识问题，就成为三次缔约方会议讨论最多的问题之一。其中，对于用“可能含有”转基因生物这样的术语来标识转基因生物货运，受到出口方的强烈反对。它们担心不可能做到能够明确鉴定出货运中包含的每一种直接用作食物或饲料或加工用的转基因物。此外，它们还担心如果在货运中非有意地偶然地出现转基因生物会被视为违约而被追究责任。总之，转基因强制标识制度是人们谨慎对待转基因的体现，维护了转基因使用者的尊严和利益，同时也增强了转基因使用者的信心。但与此同时，也带来了转基因国际贸易争端增多的可能性。

二、WTO 转基因技术及产品的有关规则

WTO 规则主要是涉及国际贸易规则和其他的条款，其设立和规定的时间早于转基因技术和转基因产品出现的时间，即便如此，有关转基因的国际贸易争端依然参照 WTO 的相关规则解决，WTO《关贸总协定》还是对转基因产品的贸易有很大影响。

转基因技术迅猛发展及其产物数量的增长，带动了转基因生产、使用及

贸易的不断扩大，全球转基因产品（包括转基因食品）贸易争端也逐渐增多，在这种情况下，世贸组织的法规也是解决转基因贸易争端的重要依据。按照《与世贸组织有关的知识产权协议》的规则，一旦转基因技术及其产物获得了专利，国家必须采取相关的措施予以保护，加强对转基因技术及其产物的严格管理和控制，既防止这一新技术的滥用，同时也保证转基因产品的质量。和《生物安全议定书》不同，世贸组织的其他规则从不同方面、不同角度对转基因作出规定。下面从不同方面介绍世贸组织有关转基因技术及产物的不同规则。

（一）WTO 关于转基因风险评估的规则

关于转基因食品，目前虽然科学并未能证明其危害性或对人类有不良影响，但并不等于说转基因不存在风险。世界卫生组织代表阿瓦艾达拉在回答《南方周末》的采访时说："那些（转基因）风险是不该被忽视的。比方说，过敏的可能性；比方说，改造过的基因进入人体对人体造成不良影响；比方说改造过的基因进入自然环境造成不好影响。但经过长期的严格的风险评估过程，我们并不用过度担心。WTO 和 FAO（联合国粮农组织）已经制定了全球的风险评估原则。"[1] 由此看来，对转基因风险的评估和预防还是很有必要的。

《实施卫生与植物卫生措施协议》是 WTO 规则中主要针对动植物检疫的规则，在《实施卫生与植物卫生措施协议》附件 A 中对"风险评估"的定义是："根据可能适用的卫生与植物卫生措施评价虫害或病害在进口成员领土内传入、定居或传播的可能性，及评价相关潜在的生物学后果和经济后果或评价食品、饮料或饲料中存在的添加剂、污染物、毒素或致病有机体对人类或动物的健康所产生的潜在不利影响。"《实施卫生与植物卫生措施协议》对风险评估分为病虫害风险和食源性风险，这对于理解风险评估及其规则有着重要的意义。

在《实施卫生与植物卫生措施协议》的第 2 条第 2 款有关"各成员国的基本权利和义务"中指出，"成员方应确保卫生或植物检疫措施仅运用到为保护人类、动物或植物的生命或健康所必需的程度，并以科学原理为依据，

---

〔1〕 黄泓翔：《世卫组织：转基因食品应该进行具体个案的严格风险评估》，载《南方周末》，2014 年 1 月 24 日。

若没有充分的科学依据便不再坚持，但第 5 条第 7 款规定除外”。本条虽未直接涉及风险评估的规则，但从各成员国的权利和义务方面限定其行为必须在“科学原理”之内，这就为风险评估的程序和内容评价做了铺垫，提供了一定的依据。

《实施卫生与植物卫生措施协议》的第 5 条规定了风险评估的内容和程序。其中第 5 条第 2 款要求各成员国进行卫生与植物卫生的风险评估时，应注重科学依据、有关工序、生产过程和方法，相关检验、取样和测试方法，特定疾病、虫害，生态和环境等。确保风险评估以对人类、动物或植物的生命或健康的危险为依据，同时考虑有关国际组织制定的风险评估技术。在第 5 条第 3 款中指出，风险评估要考虑有关经济因素，在评估对动物或植物的生命或健康构成的风险和采取的措施时，应考虑到由于虫害或病害的传入、定居或传播造成生产或销售损失的潜在损害，在进口成员方领土内控制或根除病虫害的费用，考虑采用替代方法控制风险的相对成本效益。第 5 条第 5 款指出，每一成员方也不应以其认为适当的保护水平的差异造成对国际贸易的歧视或变相限制，各成员方在制定相关的措施以实现适当的卫生与植物卫生保护水平时，考虑其技术和经济可行性，应保证此类措施对贸易的限制不超过为达到适当的卫生与植物卫生保护水平所要求的限度。第 5 条第 7 款指出，在风险评估的科学证据不充分的情况下，可以根据来自有关国际组织以及其他成员植物卫生措施的信息，采用临时性措施。

以上《实施卫生与植物卫生措施协议》对成员国的权利、义务和风险内容的规定及适用条件的明确规定，对于保障国际贸易活动的有序、正义开展具有重要意义。进口成员方针对国际贸易中哪些对本国或本地区人民、动植物等存在危险或潜在危险的产品的评估结果，采取《实施卫生与植物卫生措施协议》中的相关条款对该产品予以限制或禁止，进而保护本国或本地区人民的生命和健康。同样，出口成员方也可以根据相关条约的适用条件，对进口方风险评估的合理性发表自己的主张，以保护自身在国际贸易中的正当利益不受损失。

《实施卫生与植物卫生措施协议》第 5 条的规定，暗含着各成员方可以在风险评估的基础上制定其相应的规则，使各成员方可以应对国际贸易中国际风险评估技术相关规则，在风险评估中为了平衡贸易自由和经济利益，同时又出于保护人类、动植物与环境，成员方应决定适当的可以接受的风险水平，及此基础上的贸易保护水平。不过，在当前的转基因国际贸易争端的解决方式中，WTO 框架下解决欧美间的贸易冲突带来一种思考，即转基因产品的国际贸易究竟以风险评估、风险预防原则为重，还是以保护贸易自由和经济利益为先。

（二）WTO 对转基因食品强制标识的规定

转基因食品标识制度或食品标签措施属于货物贸易范畴，在 WTO 体系中，转基因食品标识制度主要受到有关货物贸易多边协议中的《实施卫生与植物卫生措施协议》、《技术性贸易壁垒协定》（TBT 协议）以及《1994 年关税与贸易总协定》的调整。

《1994 年关税与贸易总协定》简称《关贸总协定》。该协定主要规定缔约方之间在关税和贸易方面的国民待遇、政策、反倾销、反补贴、保障措施及相互提供无条件的最惠国待遇原则，以及关税减让事项、贸易企业和磋商程序。在《1994 年关税与贸易总协定》中，对转基因标识规定得比较零散，第 9 条第 2 款规定，各缔约国在采用和贯彻实施原产国标记的法令和条例时，这些措施对出口国的贸易和工业可能造成的困难及不便应减少到最低限度，但应适当注意防止欺骗性的或易引起误解的标记，以保护消费者的利益。

《1994 年关税与贸易总协定》对转基因产品的标识还是较为模糊的，在东京回合谈判同名协议基础上的修改补充的一项多边贸易协议，即《技术性贸易壁垒协定》对产品的标识有了较为清楚的要求。《技术性贸易壁垒协定》内容包括前言、正文 15 条和 3 个附件，其强制标准宗旨要求协议成员在实行强制性产品标准时，主要是针对贸易产品的特性、影响产品特性的工艺和生产方法及产品的包装和标签提出要求，采取强制标识，即以科学资料和证据为基础，保护人类生命、健康或安全，保护动植物生命或健康，保护环境，但强制标识都要保证不对国际贸易造成不必要的障碍，以减少并尽量消除贸易中的技术壁垒。而在《技术性贸易壁垒协定》前言中指出，“期望保证技术法规和标准，包括对包装、标志和标签的要求，以及对技术法规和标准的合格评定程序不给国际贸易制造不必要的障碍”。这一陈述明确提出的产品标识和标签的要求在其附件 1 中，即对标签要求明确，具体提到“技术法规”层面——“规定强制执行的产品特性或其相关工艺和生产方法、包括可适用的管理规定在内的文件。该文件还可包括或专门关于适用于产品、工艺或生产方法的专门术语、符号、包装、标志或标签要求”。

从《技术性贸易壁垒协定》序言和附件的规定中可以看出，技术法规和技术标准都明确提出了“标识”字眼和“标签要求”，结合不对国际贸易造成不必要的障碍和减少贸易壁垒等整体规定，这些“标签要求”虽属于技术法规和技术标准，但是否对产品进行标识还是取决于自愿实施而不是强制实施，也是将贸易利益放在首位。

通过比较可以发现，《1994 年关税与贸易总协定》中对转基因产品标识的要求较为零散，《技术性贸易壁垒协定》则有较为明晰的要求，在 WTO 规则下的《实施卫生与植物卫生措施协议》将产品标识的要求更进一步。《实施卫生与植物卫生措施协议》是在国际贸易中遵守 WTO 协议原则的基础上对动植物检疫提出的具体而严格的要求，突出 WTO 成员方维护自身利益与实现开放式贸易体制利益之间平衡的追求。在《实施卫生与植物卫生措施协议》附件 A 中规定了检疫措施的具体定义和方法：“卫生与植物卫生措施包括所有相关法律、法令、法规、要求和程序。……有关统计方法、抽样程序和风险评估方法的规定以及与食品安全直接相关的包装和标签要求。”附件对检疫的定义中明确提出了标签要求，使用该协议成员共同承认的强制食品标签措施。根据该协议，WTO 成员方为了保护食品安全可以进行贸易限制，但该措施必须建立在科学原则、风险评估的基础上，也不能对条件相同或相当的成员国之间形成歧视进而构成贸易壁垒。

自 WTO 规则生效以来，诉诸 WTO 争端解决机制的有关案件已有十余起，最受关注的美国和加拿大对欧共体荷尔蒙牛肉进口案、加拿大与澳大利亚鲑鱼进口案，以及美国诉日本为限制有关农产品进口而实施的品种测试等三个案件，已经反映了《实施卫生与植物卫生措施协议》对人类健康（荷尔蒙案）、动物健康（鲑鱼案）和植物健康（品种测试案）的保护，在三个典型案件的审理中，《实施卫生与植物卫生措施协议》的长处和不足都得到了充分的展示。就转基因强制标签而言，目前没有科学证据证明转基因食品对健康造成危害，因此，转基因食品安全标签措施还未受到《实施卫生与植物卫生措施协议》的直接调整。

WTO 是一个内容庞杂的法律体系，在转基因食品标识规范上，首先，WTO 的表述是零散的，这使得转基因标识产生的贸易问题在 WTO 法律领域不易得到解决，法律条文的内容在实务上无法对转基因食品进行约束，即时效性不强。其次，贸易条约的规定是从贸易角度出发，过度夸大标识制度对贸易的负面作用，实际是对强制性转基因标识制度的一种否定。再次，仅仅从原则性上对人类健康及自然界作出原则性和规定性呼吁，缺少具体落实的措施。最后，WTO 协定的着眼点依旧是倡导削减对贸易的限制，并未立足于保护和支持消费者的健康权和知情权。总之，WTO 条约规定自身的倾向及缺陷，意味着 WTO 对转基因食品标识制度的否定。目前尚未发生转基因标志争端，如若发生，WTO 将无从公正解决地这一问题，或者说，以现有的规则公正解决此类冲突和问题是不可能的。

三、《生物安全议定书》与 WTO 关于转基因规则的冲突

（一）《卡塔赫纳生物安全议定书》与 WTO 规则的不同

1.《生物安全议定书》与 WTO 规则的宗旨、目的不同

《卡塔赫纳生物安全议定书》是《生物多样性公约》缔约方意识到现代生物技术迅速扩展可能会对生物多样性产生不利影响，改性活生物体在越境转移、处理和使用时会带来潜在风险，基于《关于环境与发展的里约宣言》中的预先防范原则，在《生物多样性公约》缔约国多轮会议的基础上产生的协定。《生物安全议定书》是旨在确保环境和人类健康的公约。从其产生看，《生物安全议定书》是《生物多样性公约》的重要组成部分，即《生物安全议定书》的产生，目的在于保护生态系统的多样性和自然环境的可持续发展，维护物种在自然界的种类和生存力，同时顾及人类的健康。

作为环境公约，《卡塔赫纳生物安全议定书》主要致力于保护生态环境和自然环境，也是针对 WTO 规则在处理环境和贸易问题时偏重于贸易自由和贸易保护的强烈回应。《卡塔赫纳生物安全议定书》产生于 2000 年，远远晚于 WTO 的一系列规则，尤其是欧盟在与美国的转基因案中败诉后，欧盟成员国认识到 WTO 规则对转基因贸易的出发点、指导原则及集体规则与它们对待转基因的主张不一致。同时，一些发展中国家也深感在转基因技术及贸易中力不从心，过多的措手不及的事件让它们谨慎和担忧，这些国家寄望于新的规则能够通过一项生物安全协议的国际条约来发挥作用，《卡塔赫纳生物安全议定书》应运而生。从其产生来看，《生物安全议定书》强调对环境、人和动植物生命健康的保护，由于侧重预防，因此对国际贸易的限制更多。

相对而言，WTO 体制的目标主要在于通过互惠互利达到削减关税和贸易壁垒，促进货物和服务贸易的自由化，关注与贸易有关的环境、人权、健

康保护、可持续发展和发展中国家的待遇等问题[1]。这一目的在《马拉喀什建立世界贸易组织协定》的序言中可以得到验证。《马拉喀什建立世界贸易组织协定》开门见山指出："本协定各参加方，认识到在处理它们在贸易和经济领域的关系时，应以提高生活水平、保证充分就业、保证实际收入和有效需求的大幅度稳定增长以及扩大货物与服务的生产和贸易为目的，同时应依照可持续发展的目标，考虑对世界资源的最佳利用，寻求既保护和维护环境，又以与它们各自在不同经济发展水平的需要和关注相一致的方式，加强为此采取的措施。"WTO 规则立足点在于贸易自由，仅限于对影响环境的贸易政策和对贸易有显著影响的环境政策的协调，并力图确保环境政策不构成贸易壁垒，而且也不对国内环境和保护造成阻碍[2]。

2. 《生物安全议定书》与 WTO 规则的原则不同

《生物安全议定书》的目的在于保护生态系统的多样性和自然环境的可持续使用，维护物种在自然界的种类和生存力，同时顾及人类的健康，因此，其最重要的原则是预先防范原则和事先知情同意原则；而 WTO 的宗旨是削减关税和贸易壁垒，促进货物和服务贸易的自由化，故而 WTO 规则尤其强调科学证明合理原则，当然，以贸易自由化为宗旨的 WTO 规则，还强调非歧视性原则。

《生物安全议定书》和 WTO 规则在不少方面存在着共同特点，如对于危险生物的越境转移，二者都认为会对环境、人类和动植物健康带来风险，为了保护环境安全和人类健康，应该对此产生的风险进行评估并采取合理的措施，强调预防和科学证据。但由于二者的宗旨、目标不同，必然各自维护其核心价值。"WTO 与议定书分别体现'科学合理性轨迹'（the scientific rationality trajectory）和'社会合理性轨迹'（the social rationality trajectory）。WTO 项下 SPS 协定注重的是科技进步带来的便利，注重产品监管，立法政策旨在使科技成果最大化并适当考虑安全问题。议定书则更倾向于生物技术风险预防和过程监管，更多地考虑创新对现有社会平衡的

---

〔1〕陈亚芸：《后多哈时代〈卡塔赫纳生物安全议定书〉对 WTO 体制的挑战》，载《河北法学》，2014 年第 5 期，第 89—96 页。

〔2〕张蓉芳：《WTO 框架下贸易与环境问题的法律冲突与协调》，转引自陈亚芸：《转基因食品的国际法律冲突及协调研究》，北京：法律出版社 2015 年版，第 107 页。

影响。”[1]例如，同样是关于风险评估制度，WTO下属的《实施卫生与植物卫生措施协议》要求以科学依据为前提，而且提出风险评估考虑经济因素，以减少贸易损失和贸易壁垒，甚至可以在一定程度上实行保护政策。而《生物安全议定书》中的风险评估以环境保护中的风险预防为前提，这种评估规则要求不应以当下科学研究的结果或以科学研究上的不确定性为理由而采取延迟行动，避免最后对人类健康构成更大的风险和危害。

但《生物安全议定书》和WTO规则对转基因产品越境转移的规则存在原则上的分歧，这一分歧贯穿二者在立法、执法和解决转基因贸易争端的始终，甚至导致贸易壁垒。

3.《生物安全议定书》与WTO规则具体实施的不同

WTO规则以科学原则为核心，《关贸总协定》第20条（b）项允许保护成员方采取为保护人类、动植物的生命或健康所必需的措施，（g）项允许成员方采取与保护可能用竭的自然资源有关的措施，如果此类措施与限制国内生产或消费一同实施。由此看来，注重科学原则的WTO规则虽未直接提出预防原则，但已经考虑到预防原则。而且，WTO多边货物贸易协议项下的《实施卫生与植物卫生措施协议》的序言、第3.3条、第5.7条也反映了预防原则的一些要素。遗憾的是，预防原则在实际案件中并未得到适用。

20世纪80年代美国与欧盟（当时为欧共体）欧共体的荷尔蒙牛肉案中，欧共体怀疑残留在牛肉中的荷尔蒙可能危害人类健康、具有致癌作用而禁止进口牛肉。被禁止的国家包括美国和加拿大，两国以欧共体的举措不符合科学为由向《关贸总协定》争端解决机制提出诉讼要求。双方的争议在《关贸总协定》下未能解决。1996年，欧盟再次发布禁止进口牛肉指令，加上欧盟对美国转基因产品出口的贸易争端和贸易壁垒案，在协调无果的情况下，美国和加拿大再次以欧盟违反了《实施卫生与植物卫生措施协议》为由，向WTO提起诉讼，专家组认为，预防原则未载入《实施卫生与植物卫生措施协议》，同时《实施卫生与植物卫生措施协议》的重要原则是科学原则，即没有科学依据或有关科学证据不充分就不能坚持预防原则。目前的转基因食品，科学并不能证明其安全性也不能充分证明风险是一定要发生的，由此，

[1] Grant. E. Issac and William A. Kerr, “The Biosafety Protocol and the WTO: Concert or conflict”, in Robert Falkner (ed): *The International Politically Modified Food*, Palgrave Macmillan, 2007, pp. 203-205. 转引自陈亚芸：《转基因食品的国际法律冲突及协调研究》，北京：法律出版社2015年版，第109页。

转基因食品的安全问题很可能被归入第5条第7款的“有关科学证据不充分”的情况，需要根据有关国际组织或其他成员国采用的措施，采取临时性措施。另外，《实施卫生与植物卫生措施协议》的风险评估，可以采取主流科学观点或非主流观点，不需要定量的结论，但必须采用“可确定的”风险依据，如果仅仅是理论上证明或发现其“风险”，亦不可被接受。而在《生物安全议定书》中的风险评估，要求出口国按照第8条、第10条、第13条的通知提供附件三的风险评估报告，这种评估报告也是以科学上的合理方式作出的。

（二）《卡塔赫纳生物安全议定书》与WTO规则的冲突

对于《卡塔赫纳生物安全议定书》与WTO规则的冲突，我们先从第一起转基因国际争端说起。

20世纪80年代中期，欧美开始了对转基因产品国际贸易的博弈，产生了WTO体制下首例转基因贸易争端。对于转基因技术及产品，美国遵循的是可靠的“科学原则”，强调科学技术并未证明转基因产品存在风险，且以实质等同原则出口其转基因产品。这一做法遭到对转基因产品极为敏感的欧盟国家和人民的反对。面对欧盟对转基因产品一系列限制措施，2003年，美国、加拿大、阿根廷以违反WTO规定为由，向WTO起诉欧盟。本案聚焦于关于转基因的法律。美国认为，欧盟的行为目的是保护其成员国国民的健康和生命，应该适应《实施卫生与植物卫生措施协议》，因此需要按照该协议的有关规定加以处理。按照该协议第8条的规定，各成员国必须确保其“措施的实施不能遭到不合理的延迟”，美国等国指出欧盟采取的“实施上的暂停”措施实际上已经构成了“不当延迟”[1]。欧盟则指出，本案牵扯到转基因的境外转移，还需要考虑WTO框架外的有关转基因越境转移的《卡塔赫纳生物安全议定书》等的相关规定。欧盟指出，在《生物多样性公约》和《卡塔赫纳生物安全议定书》中，“风险预防”是其核心，也是国际性规则，并进一步提出，在未掌握充分的相关科学资料和知识或存在科学证据不充分的情况下，争取该领域专家的意见，以避免后最大限度减少此类潜在的不利影响。专家组认为美国等国并未加入《生物多样性公约》和《卡塔赫纳生物

---

〔1〕 张正、何云云：《对WTO转基因争端第一案的思考与启示》，载《长白学刊》，2010年第6期，第148—149页。

安全议定书》，本案不考虑使用上述两公约，同时，专家组认为总体性暂停和特定许可延迟本身不属于《实施卫生与植物卫生措施协议》措施，但与该协议程序有关，《实施卫生与植物卫生措施协议》可适用于本案，最后对于预防风险原则，专家采取回避态度。WTO 专家组作出判决，欧盟被指控的总体性暂停和特定许可程序构成了不当延误，违反了 SPS 协定第 8 条附件 C 第 1 条 a 项规定；欧盟被指控的国内禁止措施属于 SPS 措施，在采取之前欧盟未进行风险评估，欧盟当时已存在充分科学证据可进行评估，而非科学证据不足。

本案留给我们的思考在于，转基因贸易争端除了消费者态度、食品商立场及政府政策之外，更深层次的原因是双方经济利益上的冲突，美国企图利用和发挥其转基因技术的优势，支持转基因贸易市场，以期给自己带来更多的利益；欧盟转基因技术不如美国，而转基因产品的自由进入则会给欧盟国家国内产业带来巨大冲击和影响，故而极力反对和阻止。WTO 的规则是相对稳定的，而科技的迅速发展及其专业性和复杂性会使 WTO 规则与科技之间存在矛盾，使得 WTO 规则在处理转基因问题时面临困难的境地，这种尴尬也易被利益驱动的贸易国所利用，从而造成贸易冲突和博弈。《实施卫生与植物卫生措施协议》的不确定性和转基因技术的复杂性也给转基因贸易争端的解决带来困难。故有学者建议制定专门针对转基因技术及其产品的法律来解决此类问题。但在专门的法规出台前，各国将会利用现有立法上的矛盾，谋取自身利益。国际舞台上，谁掌握了转基因技术，谁掌握了 WTO 的游戏规则，谁就是赢家。

在 WTO 各项协定中，许多规定都关注自由贸易与环境问题，也提到注重成员国的环境保护，但规定的语言往往很模糊，同时又缺乏一般法律规定的具体操作性。这样，WTO 的规则就给贸易国留下了很大的空间，各成员国或者贸易协约国会利用这一空间给予不同的解释，进而成为本国贸易保护的理由，最后会导致贸易壁垒。

第二节　与转基因有关的国际贸易争端透视

一、与转基因有关的国际贸易现状

转基因技术的迅速发展以及转基因产品的快速增长，为人类解决粮食短缺、饲料供应、医疗保健、环境保护等问题以及减少贫穷、疾病等带来了希望和曙光，大大有助于环境与人类的可持续发展。转基因产业发展、国际贸易增长的同时，也造成了贸易争端和贸易壁垒。对转基因的研究、应用、生产和对转基因产品贸易的关注成为各国现代化发展中一个焦点。

目前，全球转基因作物涉及转基因玉米、大豆、油菜、棉花等十多个品种。转基因农作物种植主要集中于美国、阿根廷、巴西、加拿大、印度等国。1996 年之前，中国转基因农作物的种植面积仅有 11 万公顷，1997 年达到了 380 万公顷，跃居世界第六位[1]，成为转基因种植大国。2010 年全球发展中国家转基因作物的种植面积达到全球的 48%，有 29 个国家的 1540 万农民种植了 1.48 亿公顷的转基因作物。据统计，自 1996 年至 2010 年，全球转基因作物的种植面积增加了 87 倍，2009 年全球大豆种植面积中的 77% 为转基因品种，转基因棉花占棉花种植总面积的 49%，26% 的玉米为转基因玉米，转基因油菜则占到 21%。[2]“2017 年转基因作物的全球种植面积达到 1.898 亿公顷的新纪录。……除 2015 年以外，这是第 21 个增长年份，”[3]其中，转基因作物在美国、巴西、阿根廷、加拿大、印度五大种植国的种植面积已接近饱和。

转基因作物的迅猛发展及市场的开放性，带来了转基因国际贸易的快速增长。据统计，1995 年转基因作物的销售额为 7500 万美元，截至 2009 年，14 年间增长了 109.67 倍，达到 83 亿美元，1996 年至 2007 年转基因作物获利累计达到 440 亿美元。1999 年转基因大豆、玉米、油菜和棉花的出口额达到 102.52 亿美元，比 1996 年出口额 7.18 亿美元增长了 13.28 倍。据农业基因网报告，2016 年转基因作物全球种植面积达到峰值 1.851 亿公顷，比 2015 年的 1.797 亿公顷增加了 540 万公顷，即增加了 3%。在转基因贸易中，美国根据其技术领先的国际地位及其在现代农业市场的国际竞争力，将其目标锁定为通过转基因自由贸易占领农产品的国际市场。

---

〔1〕石敏俊、吴子平：《食品安全、绿色壁垒与农产品贸易争端》，北京：中国农业出版社 2005 年版，第95 页。

〔2〕转引自齐振宏：《转基因农产品国际贸易争端问题研究综述》，载《商业研究》，2012 年第 2 期，第 14—18 页。

〔3〕国际农业生物技术应用服务组织：《2016 年全球生物技术/转基因作物商业化发展态势》，载《中国生物工程杂志》，2018 年第 6 期，第 1—8 页。

作为转基因技术的研发和种植大国，据美国农业部表示，2013 年美国种植的农作物中，93% 的大豆为转基因抗除草剂大豆，出口大豆 3910 万吨，其中 2460 万吨出口至中国；85% 的玉米为抗除草剂转基因玉米，出口量为 2400 万吨，其中 400 万吨出口到中国[1]，由此可见，中美之间的农作物贸易基本上是转基因贸易。

从世界贸易全局看，一方面，以美国、巴西、阿根廷为代表的转基因大国，其转基因技术和转基因大豆在价格上占有相当大的优势；另一方面，随着我国居民生活水平的提升、消费需求的增加和我国技术与生产的落后造成的供需的矛盾日渐尖锐，国外相当比例的转基因产品涌入我国。加上国内农产品市场的扩大与开放，以美国为代表的转基因强国的转基因农产品必然流入我国。1995 年之前，我国还是大豆的净出口国，1996 年大豆贸易从顺差变成逆差，由出口国变为进口国，进口大豆 384 万吨，到了 2009 年、2010 年，我国大豆的进口都超过了 4200 万吨，2013 年大豆进口量达到了 6556 万吨[2],变成了世界最大的转基因大豆进口国。据联合国粮农组织数据库统计显示，2012 年中国的大豆进口几乎占全球大豆出口量的 63%；除此之外，作为一个岛国，日本粮食基本不能自给，也是世界上的粮食进口大国。《朝日新闻》推测日本每年进口的谷类作物中有一多半来自转基因作物。从 2012 年世界大豆贸易进口构成看，墨西哥、德国、西班牙、荷兰、日本也是世界大豆进口贸易的主要国家。

中国已成为世界上最大的大豆进口国家，而且中国进口的大豆基本上是转基因大豆，这种转基因大豆已经成为中国大豆消费的主要来源。转基因大豆的大量进口将产生一系列的结果。首先，我国大量进口大豆促进了转基因生产大国的转基因大豆的出口，很大程度上促进了国际转基因大豆贸易规模的扩大。其次，转基因大豆大量进口对我国会产生不同程度的正面效应和负面效应。最后，在进出口贸易中，由于彼此间的管理制度、文化观念及经济利益不同，势必形成世界转基因贸易壁垒。

在研制转基因技术过程中，为了实现其转基因生产强国及其占领市场

---

[1] 驻欧盟使团经商参处：《美国两州选民将就转基因食品标识法案投票》；驻纽约总领馆经商室：《美农业部官员称美国种植的大豆玉米 90% 以上为转基因品种》。转引自：顾叶萍：《转基因食品国际贸易争端法律问题研究》，华东政法大学 2015 年硕士学位论文，第 34 页。

[2] 数据来源于联合国粮农组织数据库，转引自谷强平：《中国大豆进口贸易影响因素及效应研究》，沈阳农业大学 2015 年博士学位论文，第 28 页。

的意图，美国转基因种植面积不断扩大，转基因作物的销售额也在不断增加。在转基因贸易中，转基因技术相对落后的国家为了保护本国的农产品市场和生物技术的发展，必然会采取一定的贸易保护政策和措施。例如，美国强占国际转基因市场遭遇欧盟的贸易保护，转基因贸易摩擦不断升级。一方面，在全球转基因技术的发展、转基因产品的生产及转基因贸易市场中，美国一直处于领先地位。美国作为转基因技术最先进的国家，转基因作物种植和生产的最大国，也一直是世界转基因作物的最大出口国。其转基因产品不断销往欧洲和亚洲一些发展中国家。2010 年，中国从美国进口的转基因玉米已达到 150 万吨。另一方面，作为进口国的欧盟国家，其对转基因的标识和限制非常严格，这就产生了美国和欧盟之间的贸易大战。长期以来，欧盟与美国贸易争论的核心问题就是双方对待转基因的态度及立场不同。美国坚持科学原则，认为目前科学研究的结论并未发现转基因对人体的危害，因此按照实质等同原则，转基因作物的效能和传统作物差不多，其对人类的贡献却很大，不应该在国际贸易中遭到歧视或限制。欧盟一些国家，从预防原则和谨慎原则出发，认为目前未被证明或证实的危害并不意味着其将来没有危害，因此从人类和动植物安全的角度以及环境保护的角度，对转基因产品的进口提出严格的标识要求和禁令，对转基因的进口加以严格限制。这就是欧盟与美国之间产生转基因贸易战的原因之一。

欧盟与美国之间的贸易大战是由于不同国家的转基因技术水平高低的不同、文化背景及国情的不同、经济发展及世界地位的不同、法律及接受度等因素的不同，从而使二者对待转基因产品出现了不同的观点、态度和立场，随之导致了各国在转基因产品上的分歧和对立，带来了国际贸易中的失控与混乱。作为转基因生产大国，美国、加拿大等国用转基因大豆和玉米制成的食品和食品原料自 1997 年开始陆续在欧盟上市，因美国和加拿大对转基因采取宽松态度，他们以转基因食品、食品原料与传统食品、食品原料“实质性相似”为由，不主张贴上转基因标识。而作为进口国的欧盟各国，20 世纪 90 年代的疯牛病和二噁英等食品安全事件引发欧洲民众和政府对食品安全的高度重视，同时出于对民众意愿的尊重和对民众选择转基因食品自主权利的保障，欧盟政府开始对转基因实行严格的管理。鉴于此，欧盟第 1139/98 号有关由转基因生物制成的特定食品的强制性标签标识条例规定，由转基因大豆和转基因玉米制成的食品必须使用特别标签清楚地加以说明，而不再考虑这些食品是否与传统食品实质性相似[1]。1998年正式生效的欧盟《食品法》规定含有可以检测到的转基因的DNA成分或蛋白质食品都需要加贴特殊标识，以便民众作出自主选择。这种情况下，美国对出口的转基因产品的宽松、模糊态度及做法在欧洲引起了很多消费者、民众的反对和质疑、排斥，欧洲民众厌恶的情绪与政府当局在相关贸易政策和法律上的相吻合，尤其是对转基因全面强制性标识制度的强调和保守的风格对全球转基因食品的出口产生了抑制效果，其中对来自美国的产品影响最为显著。据有关统计显示，从1998年到1999年，美国向欧盟的大豆出口量从1100万吨降至600万吨，玉米的出口量从200万吨减少到13.7万吨，棉花的出口量则从200万吨迅速跌至13万吨，美国的转基因出口经济损失达10亿美元[2]。而到了2002年，美国向欧盟出口的农产品从1995年的330万吨下降到2.5万吨，进而造成美国农民销售的损失每年大约3亿美元[3]。这种影响急速增加了欧美之间的贸易争端和冲突。受到欧盟立法的阻碍和欧盟对转基因食品的强制性标识及其严格要求，加拿大和阿根廷的农产品出口在欧盟也严重受阻。转基因贸易冲突呈现出大规模性和长期性的特点。

二、转基因国际贸易争端状况及分析

关于转基因国际贸易争端，还需要从美国、加拿大等国起诉欧盟的案件说起。上文谈到，1998年到1999年，美国的转基因大豆、玉米、棉花在出口欧盟市场时受到严重阻碍，美国经济遭到巨大损失。这使得美国开始指责欧盟以实施转基因食品标识为借口对美国转基因食品构成贸易壁垒，而欧盟反过来指责美国在转基因食品监管力度上的松懈和对公众健康、环境安全的不负责任与忽视，由此导致的贸易壁垒和争端持续至今。这次“美欧转基因标识之争”固然是对转基因产品标识的态度和接受度的争议，转基因产品一定程度上确实存在着潜在危害，但各国之间的转基因贸易壁垒的实质与各国

---

〔1〕 WTO：European Communities-Measures Affecting the Approval and Marketing of Biotech Products, interm report from the Panel, paragraph7174.

〔2〕 梁志成：《关于转基因农产品多边贸易的问题》，载《国际贸易问题》，2000年第10期，第27—30页。

〔3〕《欧洲反对对转基因食品放松标签限制》，http://www.sccwto.net:7001/wto/content.jsp? id=8133，参见朱晓勤：《转基因食品强制标识制度在世贸组织框架内的法律分析》，载《国际贸易问题》，2006年第3期，第122—128页。

的政治力量及其在经济贸易领域的角逐有关。

2001年墨西哥“转基因玉米污染”事件、2002年加拿大“转基因超级杂草”事件、2005年孟山都“转基因玉米”事件等掀起了一轮又一轮关于转基因食品的讨论，而中国2010年“先玉335”事件和2012年“黄金大米儿童实验”事件则在国内引发了转基因食品是否存在健康威胁和国家如何加强转基因食品管理的争议。

上文谈到美国与欧盟间的转基因贸易对抗，从表面上看，是欧美之间的转基因贸易争端、壁垒，争论的焦点是食品安全、环境保护及科学研究等问题，但将这种贸易争端置于国际贸易的大环境中，双方激烈争执和对抗的实质是彼此之间的经济利益的较量和争夺。美国极力推动转基因农作物种植的主要目的就是通过销售获得更多的经济利益。

转基因技术可以利用知识产权制度和专利制度获得一种垄断地位，成为一种独特的垄断资源，从而在市场上和国际贸易中获得绝对的利益。目前，转基因农产品出口主要集中在美国、阿根廷、巴西和加拿大，转基因农产品进口国主要集中在亚洲和欧洲。全球抗病、抗虫、除草的转基因品种及其改变的13类目标性状、24种转基因农作物都大多被控制在来自美国的少数跨国公司手中〔1〕。作为转基因研制和种植大国，美国的大公司如孟山都、杜邦先锋良种公司、阿彻丹尼尔斯米德兰公司（ADM公司）、邦吉公司等，都在转基因技术方面通过研发获得转基因技术的垄断权，据调查报告显示，美国的五家转基因公司2001年就已经垄断了全球种子市场23%的份额，垄断了转基因种子市场几乎100%的份额〔2〕。在转基因技术、生产上领先的美国在国际上具有相当强的竞争优势，转基因技术不仅提高了劳动生产率，也降低了生产成本。由于转基因作物价格低廉、质量较好，1996年转基因产品大规模商业化生产后，美国仅在一年的时间里就在玉米种植方面节省了11900万美元，大豆种植方面节省了10900万美元，棉花种植方面节省了8100万美元〔3〕。美国的转基因产品进入欧洲市场后，美国农产品在1998年收入4.35

〔1〕孙利平：《我国转基因农产品国际贸易管理的战略选择与规则构建研究》，载《农业经济》，2016年第8期，第122—128页。

〔2〕马述忠：《转基因产品缘何陷入僵局》，载《世界环境》，2002年第1期，第41—43页。

〔3〕马述忠：《转基因产品缘何陷入僵局》，载《世界环境》，2002年第1期，第41—43页

亿美元，比1996年的收入8000万美元翻了两番还多[1]。而1998年美国遭到欧盟的贸易壁垒后，其转基因出口经济损失达10亿美元[2]，农民每年大约损失3亿美元。这种极高的经济利益驱使美国毫不犹豫地推进转基因产品的自由贸易，而贸易受挫后的经济损失也促使美国向WTO提起诉讼。较之美国转基因强国和大国的地位，欧盟国家在技术上处于劣势，小庄园式农业先天的劣势，根本无法阻挡美国转基因产品的进入。1999年4月欧盟暂停批准转基因农产品进口。欧盟出台的转基因法律对转基因作物的进口有很大限制，同时，欧盟对转基因严格的标识制度也制约着美国等国家的转基因作物的出口。美国等国家的转基因农作物出口一度受到很大的打击，欧美间因此出现了较为持久的贸易大战。

2003年，美国、加拿大、阿根廷等转基因出口国将与欧盟长达数年的贸易争端提交给WTO争端解决机构，理由是欧盟违反了《实施卫生与植物卫生措施协定》《关税与贸易总协定》《世界贸易组织贸易技术壁垒协定》和《农业协定》的相关条款。2006年，WTO争端解决机构专家小组裁定欧盟对转基因玉米上市总体实施暂停和抵制措施违反了《实施卫生与植物卫生措施协定》的规定，确实损害了美国、阿根廷、加拿大的利益，仲裁的结果以美国等国获胜、欧盟失败而告终。

2004年欧盟迫于美国的压力解除禁令，批准了一个转基因玉米品种的上市，但美国仍然坚持不撤诉，2008年美国再次要求WTO对欧盟进行制裁，贸易大战愈演愈烈，转基因食品标识制度带来的这场争端以美国胜诉、欧盟让步而结束。虽然美国等诉欧盟的转基因案以美国胜利、欧盟失败而结束，但这一转基因贸易争端对于世界转基因农产品和发展中国家的政策取向产生了很大的影响，成为类似转基因案子的争端的开始。

美国欧盟之间的贸易争端，表面上看，主要原因在于对转基因食品标识制度的不同态度，其实质还是贸易领域内经济利益的角逐。转基因食品的标识带来的经济价值决定了双方的态度。美国作为世界最大的转基因研发、生产和出口国家，由于转基因产品极大的利润，政府鼓励、推动了转基因产品及食品的推广和流通，也带来了经济利益的大幅提升；而欧盟严格的标识制

---

〔1〕 宣亚南：《绿色贸易保护与中国农产品贸易研究》，南京农业大学2002年博士学位论文，第85页。

〔2〕 齐振宏：《转基因农产品国际贸易争端问题研究综述》，载《商业研究》，2012年第2期，第14—18页。

度会极大地损害美国在贸易中获得的利益，这种阻碍美国获得巨大利益的举措势必引起美国的强烈不满。当然，欧盟这一做法是基于《生物安全议定书》的规定，基于风险原则、预防原则以及对环境的保护，但这一理论支持并未得到美国的认可。美国并未加入《生物安全议定书》，欧盟与美国间的摩擦又属于贸易摩擦，因此只能按照 WTO 贸易规则作出裁决，而 WTO 规则强调贸易自由，审判的结果一定是有利于美国而非欧盟。

在转基因贸易中，欧盟对于转基因产品的担忧有一定的道理，其设置贸易障碍并不是仅仅针对美国的。欧盟在不同时间段、针对不同国家进行过转基因贸易限制。2008 年 4 月，欧盟要求中国提供出口欧盟的大米为非转基因 Bt 63 品种的证据，以此限制中国贸易出口，要求中国出口欧盟的大米必须经过实验室检测并附上相应的是否含有转基因的分析报告，中国采取相应阻止措施未果。2011 年 5 月，德国宣称国内暴发的肠道疾病感染源与从西班牙进口的黄瓜有关，由此对西班牙农产品的贸易进口作出限制；比利时也禁止从西班牙进口部分农产品；俄罗斯停止从西班牙和德国进口蔬菜水果。由此，西班牙的蔬果种植业损失 2 亿欧元[1]。

当然，转基因贸易壁垒、贸易限制并不仅仅限于这几个国家。中国的转基因贸易也在其中。作为转基因大豆的最大进口国，2011 年中国从美国进口的玉米高达 150 万吨，其中有一批 5.4 万吨的转基因玉米由于被检出含有我国不允许的 MON89034 而被退货，相关损失由出口方美国承担[2]。2016 年，“中国蔬菜流通协会番茄专业委员会成立大会暨 2016 全国番茄产销对接会”上发布的报告显示，近年来中国番茄产品的出口，受到一些国家提高技术性贸易壁垒的限制，菲律宾、韩国、沙特阿拉伯、斯里兰卡等国要求中国出口的番茄酱要出具非转基因证书；澳大利亚检测出中国出口的番茄酱含有较高的亚硝酸盐，最后中止购买合同；德国则要求中国对出口的番茄酱提供检验杀灭聚酯、百菌清等项目的证明[3]。这些标准和限制，一定程度上制约了我国番茄产品的出口，同时也对番茄出口产品的质量提升提出了更为严格的要求。

---

〔1〕 杨凯育、李蔚青：《转基因产品贸易问题分析与展望》，载《农业展望》，2012 年第 12 期，第 44—49 页。

〔2〕 孟雨：《转基因食品引发的国家贸易法律问题及对策》，载《华中农业大学学报》（社会科学版），2011 年第 1 期，第 19—24 页。

〔3〕 雷敏：《中国番茄制品出口遭遇技术性贸易壁垒》，载《中国贸易报》，2016 年 5 月 31 日，第 6 版。

当前的转基因贸易限制或贸易壁垒要求转基因产品出口国提供转基因相关证据或作出相应的转基因标识。对转基因产品提供相关证据，一定程度上是对转基因技术的检验，而转基因标识需要检验转基因因素，这种检验成本高、耗费时间长，其实质就是一种贸易壁垒，例如检查一批土豆的转基因因素，需做50—100次检测才能确定是否为非转基因产品。

三、转基因国际贸易争端对我国转基因贸易的启示

转基因技术及生产的发展，带来转基因贸易的繁荣，也带来一系列的贸易争端和贸易壁垒，转基因产品及贸易成为国际社会关注的热点问题之一，也给世界各国带来很多影响和启示。

第一，欧美贸易争端背后经济利益的较量，启示各国进行战略选择的调整。

表面上看，欧美双方转基因贸易争论的焦点，主要表现为食品安全和环境保护不同科学立场的冲突；但将双方置于国际贸易大背景中，则能够看出双方的争端主要是由于经济利益的冲突所导致。美国掌握先进的转基因技术并将其应用于农牧业、食品业、医疗业，很大程度上提高了农业劳动生产率，降低了农产品的市场门槛，从而通过转基因技术获得了巨大的经济利益。为此，美国设立了300多个独立的实验室研究转基因，其中有200个是关于棉花的，50个关于大豆，40个关于其他谷物，40个关于水果和蔬菜。近几年美国的专利申请50%以上是关于生物工程的[1]。转基因的巨大利润，使得美国农产品收入由1996年的8000万美元在两年后（1998年）增加到4.35亿美元，然而随之而来的欧美转基因贸易争端却使美国每年的贸易损失了好几亿美元。面对客观的经济收益和贸易损失，美国会毫不犹豫地推进转基因贸易和抵制贸易壁垒。而欧盟，自从贸易争端后，虽然大力抵制转基因产品，但也加速了对转基因的研究，据统计，欧美贸易争端后，欧盟国家的农业转基因研究单位从无到有，并增加到480家，申报的转基因项目由每年1项上升到1999年的434项[2]。欧盟由抵制转基因到有条件地允许转基因

---

[1] 应瑞芳、沈亚芳：《美欧转基因产品贸易争端原因分析及对我国的启示》，载《国际贸易问题》，2004年第5期，第21—24页。

[2] 袁宜：《WTO责无旁贷——试论转基因农产品贸易规则问题》，载《国际商务研究》，2001年第5期，第32—37页。

产品上市销售，一些学者分析认为，欧盟对转基因的禁令及其松动的变化，反映出欧盟的转基因贸易保护政策是暂时的，既有先前对转基因潜在危害的担忧和环境保护的原因，同时也有经济利益的驱使。因此，一旦欧盟的转基因技术成熟，生产达到一定规模，就有可能积极倡导转基因产品贸易自由化，向美国一样大量出口其转基因产品并赚取丰厚的利润[1]。

美欧之间的贸易争端，对我国产生了很大的启示。虽然我国也有转基因产品的研究和开发，但在转基因技术的推广程度上与美国、加拿大甚至欧盟间的差距还很大。当前我国贸易进口中，转基因产品占据很大比例，尤其是转基因大豆进口量逐年增加，几乎成为全球最大的转基因大豆进口国。而我国贸易出口中，转基因产品的比重很小。出口的农产品技术含量较低，出口竞争力相对较差，甚至会因农产品的生产技术标准和环保标准达不到进口国的要求而被拒绝。这种进出口贸易中转基因产品比例的悬殊，对我国的农产品贸易结构产生很大影响。在世界经济全球化和一体化的国际环境下，随着高新技术大发展，我国的农产品贸易结构应转向以技术产品为主导，应加快转基因技术的研发和应用步伐，加快研究成果向实际生产的转化，优化我国农产品贸易出口的结构，不断增强我国出口农产品在国际市场上的竞争力。

第二，制定统一的国际贸易规则，建立安全的转基因生物安全管理体系。

随着经济一体化和全球化的发展，国际贸易日渐频繁，随之出现了贸易争端、贸易限制和贸易壁垒。换言之，只要有贸易存在就会出现贸易竞争。目前的转基因贸易争端主要集中在美国和欧盟之间，但转基因贸易争端的解决缺乏灵活性和适应性的贸易规则。WTO 规则对于解决转基因贸易争端，存在一定的滞后性，WTO 规则侧重于科学性研究的基础，即裁决转基因贸易争端时侧重于科学研究已证明的转基因产品或食物带来的危害，而目前的实际情况是，依靠科学研究既不能证明转基因产品或食品具有永久的安全性，也没有发现转基因对人类生命安全产生的重大影响或带来的损失。由此，WTO 在解决转基因贸易争端时，其出发点主要立足于贸易自由和不对原贸易国带来巨大损失，转基因贸易争端中，进口国就处于劣势一方。另外，转基因植物是通过基因改变或基因修改达到作物培植的目的，虽然目前没有出现大的

---

〔1〕 应瑞芳、沈亚芳:《美欧转基因产品贸易争端原因分析及对我国的启示》，载《国际贸易问题》，2004 年第 5 期，第 21—24 页。

对人类的伤害，但人类食用部分转基因作物或食品后，会出现呕吐等过敏现象。2011 年 5 月，德国就宣称国内暴发的肠道疾病感染与从西班牙进口的转基因黄瓜有关，因此，从长远发展看，转基因是否存在危害，需要引起人们的重视和关注。正是在此情况下，《卡塔赫纳生物安全议定书》成员方从风险预防角度出发，对转基因产品的越境转移、过境、处理和使用规定了提前知情同意程序以及转基因标识等要求。提前知情同意程序的规定使转基因进口程序变得更加负责和烦琐，审批时间也很长，赋予了缔约进口国更多的保护生物安全的权利，某种程度上增加了公众对转基因食品的心理恐惧，造成转基因出口贸易量的下降。

当前，关于转基因贸易的国际规则——WTO 和《生物安全议定书》之间存在一系列的冲突，双方的规则差别很大，彼此在贸易的领域中维护各自的利益，由此增大了成功谈判的难度。为了更好地让大家认识、接受转基因，促使转基因贸易的正常和公正化，就必须制定统一的国际贸易规则，建立安全的转基因生物安全管理体系。

在极限理论的发展中，人们通常采用设定阈值的方法，设定阈值是指某系统或物质状态发生剧烈改变的那一个点或区间。因此在转基因贸易的规则中，一方面采用转基因标识制度，确保人们事先知情同意的权利；另一方面，增加阈值概念，设定阈值，即设定触发转基因产品或食品对生态环境安全产生威胁或危害人类健康安全的最低限值，以确保转基因对生态环境安全或人类健康安全的保障，这些都是行之有效的策略。通过这些措施，可以增强转基因贸易技术和解决贸易争端的可操作性、安全性及有效性。

第三，在转基因贸易中积极参与国际竞争，避免对贸易进口的依赖性。

在转基因贸易中，中国是世界最大的贸易进口国。《中国经济报》指出，2015 年中国累计进口大豆 8169 万吨，2016 年累计进口 8391 万吨[1]；中商产业研究院大数据库显示，2017 年 1—11 月，我国大豆进口量为 8599 万吨，比上年同期上涨了 14.8%[2]。从这些数字可以得出，中国大豆的进口量逐年增加，相比国内大豆生产，进口大豆比例占 85% 以上（见表 5.1），而且

---

〔1〕《2016 年我国大豆进口量为何再创新高?》，中国经济网—《中国经济日报》，网址：http://www.ce.cn/xwzx/gnsz/gdxw/201702/09/t20170209_20064599.shtml。

〔2〕《2017 年 1—11 月中国大豆进口数据分析》，(附图表) 中商情报网，数据来源于《2017—2022 年中国大豆行业发展前景及投资机会分析报告》，http://www.askci.com/news/chanye/20171208/150645113614.shtml。

中国大豆进口主要来源于美国、巴西和阿根廷（见图5.2），这也进一步说明目前我国对大豆进口的依赖。尤其是当某种农作物的进口来源集中于某一国家时，势必产生对该国贸易进口的依赖性。

表5.1　1996—2013年中国大豆消费量中产量和进口量所占比重

（单位：万吨）

年份	产量	进口量	消费量	产量/消费量	进口量/消费量
1996	1323	385	1799	73.54%	21.40%
1997	1474	568	2009	73.37%	28.27%
1998	1515	525	2028	74.70%	25.89%
1999	1425	673	2073	68.74%	32.47%
2000	1541	1278	2701	57.05%	47.32%
2001	1541	1644	3077	50.08%	53.43%
2002	1651	1390	3155	52.33%	44.06%
2003	1539	2324	3712	41.46%	62.61%
2004	1740	2230	3952	44.03%	56.43%
2005	1635	2908	4322	37.83%	67.28%
2006	1550	3070	4577	33.86%	67.07%
2007	1273	3320	4740	26.86%	70.04%
2008	1554	3957	5037	30.85%	78.56%
2009	1498	4496	5633	26.59%	79.82%
2010	1508	5739	6769	22.28%	84.78%
2011	1449	5485	6938	20.88%	79.06%
2012	1280	6078	7345	17.43%	82.75%
2013	1195	6556	7756	15.41%	84.53%

数据来源：联合国粮农组织数据库

表5.2　中国大豆进口来源地及所占市场份额

年份	2000	2002	2004	2006	2008	2010	2011	2012	2013
美国	58.29	49.13	50.86	38.32	39.01	43.81	42.88	42.74	33.92
巴西	18.06	30.19	28.92	39.42	29.45	33.92	39.41	39.32	48.52
阿根廷	22.33	20.29	19.99	20.32	24.89	19.71	14.19	9.70	9.34
乌拉圭	0.15	—	—	1.64	1.22	2.35	2.61	3.13	3.51
加拿大	0.75	0.31	0.21	0.17	0.11	0.19	0.78	1.04	1.28
俄罗斯	0.34	—	—	—	0.01	—	0.01	0.15	0.10
合计	99.92	99.92	99.98	99.87	94.69	99.98	99.88	96.08	96.67

数据来源：联合国粮农组织数据库，“—”表示数值小于0.0001

控制我国80%大豆进口货源和大豆国际价格的四大跨国粮商（美国阿彻丹尼尔斯米德兰公司、美国邦吉公司、美国嘉吉公司、法国路易达孚公司）中，有三家属于美国，绝大部分进口货源和定价权被控制，意味着贸易条件可能会恶化，贸易利益会倾斜于依赖关系中较强的一方[1]。

第三节 尊重转基因主权但反对绿色贸易壁垒的国际贸易

当今的世界是一个相互联系、相互制约的世界，全球化时代下任何国家利益的实现都受到其他国家和国际组织的制约，各个国家、各个民族紧密联系在一起，早已成为你中有我、我中有你的人类命运共同体。国际贸易在国与国、地区与地区之间展开商品和服务的交换活动，造就了全球范围内人类的共同生活和人类的共同利益。

以基因工程技术为代表的现代生物技术已经在工业、农业、医药、食品等领域展示了巨大的生产潜力，其具有的巨大的市场效益和商业价值，促使近十年来转基因生物的全球贸易量急剧增长。不难预测，未来的几十年或是更长时间，转基因生物的这种发展态势将持续下去，转基因产品的国际市场贸易规模将不断扩大，将成为国际贸易的重要组成部分，可以说转基因技术和产品的拥有方必定在国际贸易中拥有竞争优势。伴随着转基因产品国际贸易的跨越式发展，转基因技术对公平正义的贸易原则的追求以及贸易竞争从对抗到合作的走向，转基因领域的国际贸易逐渐具有丰富的伦理内涵，因此需要从国际贸易的角度，对转基因安全与技术的全球正义作出进一步的分析。在国际贸易中实现转基因领域的全球正义，既需要理论的支撑，也需要现实的行动，如此才能在转基因领域建构起以正义为基准的国际贸易新秩序。

一、正义：转基因国际贸易的伦理特质

当前国际贸易是在国际政治多极化、文化多元化和经济全球化范围内进行的，转基因生物的国际贸易也是如此，其目标应是使世界各国共同参与转基因生物的市场活动，使各国在参与的同时进一步发展转基因技术并从中获

---

[1] 谷强平：《中国大豆进口贸易影响因素及效应研究》，沈阳农业大学2015年博士学位论文，第76页。

取更大的经济利益。然而通过上一节对与转基因相关的国际贸易争端的分析，我们认识到在当前转基因国际贸易中，正义的实现存在着诸多障碍，正义问题已日益凸显且不容忽视，在当今的转基因国际贸易中，制度体制固然重要，但更重要的是渗透在这些制度体制中的伦理关系及其秩序。为使转基因国际贸易中正义的理念能够付诸实践，就需要寻求一条伦理解决途径，建立符合全球正义价值取向的转基因国际贸易新秩序。

在转基因产品的国际贸易领域内，构建符合正义价值取向的伦理新秩序，首先涉及的是伦理价值的普遍性问题。相比于单纯主张伦理地方性和伦理普遍性的思想家，罗尔斯和哈贝马斯等所持的观点是：既承认伦理的地方性，又主张伦理的普遍性。与此观点相吻合的是1990年孔汉思在《全球责任》一书中提出的"全球伦理"思想，"全球伦理的提出是对全球化进程中出现的种种问题和危机的道德诉求，以求寻找人类在价值观上的共识，在全球化背景下找到全人类共同遵守的伦理规范与道德准则，从而实现人类的价值和解与共同发展"[1]。全球伦理中蕴含的约束性价值观和基本共识，为转基因国际贸易中存在的突出问题提供了伦理价值上的指导。

在伦理价值普遍性成为可能的基础上，正义又何以成为转基因国际贸易新秩序的伦理特质呢？正义的品格不同于一般道德的地方在于，它在表达道德情感的同时又要求公正地处理利益问题。正义作为维系社会发展与存在的重要道德原则，是人类社会具有永恒价值的基本理念和基本行为准则。正如罗尔斯所说："正义是社会制度的首要价值，正像真理是思想体系的首要价值一样。"[2]同样，在国际贸易体系中，正义作为正确的基本价值取向，是转基因国际贸易中潜在的价值准则，蕴含在相关国际贸易原则的制定与实施过程中，它不仅是转基因技术和产品在国际贸易中稳定发展的前提依据，更是贸易主体间进行转基因技术和产品的相关经济活动时不可或缺的道德准则。因此，树立正义的共同价值理念，对转基因国际贸易的健康有序发展能够发挥重要的引导作用，同时也达到推动整个人类共同进步，促进世界经济快速发展的目的。

在世界范围内，正义的本质问题始终普遍地体现在利益、权利问题上，

---

〔1〕［德］孔汉思·库舍尔：《全球伦理——世界宗教会议宣言》，何光沪译，四川人民出版社1997年版，第7页。

〔2〕［美］约翰·罗尔斯：《正义论》，何怀宏等译，中国社会科学出版社1988年版，第3页。

全球正义的概念也已经不再局限于国家，而是进一步扩展其范围，着眼于全球人民的利益和权利。我们所有的人都是人类共同体之一分子，因此我们不仅对所有人都负有义务，而且要关心人类的整体利益和永续发展。在国际贸易的推动下，每个人都从国家公民走向了更广阔意义的世界公民，完善了对世界公民的身份认同，国际贸易正义的最终目的是实现每个国家中的每一个人的自由全面发展。

当代美国著名伦理学家罗尔斯，其正义思想中的核心观点即是正义是至高无上的，把正义当作最高的政治和道德标准。罗尔斯强调："每个人都有一种基于正义的不可侵犯性，即使作为整体的全社会利益也不能小视之。"因此在罗尔斯看来，一个秩序良好的社会的条件是不仅促进其成员的利益，而且由一种共同的正义概念有效地支配着，人们也许会产生不同的目的和要求，但共同的正义概念架起了友好的桥梁。罗尔斯的正义论力图为现代社会及市场秩序建立"公平正义"的道德基础。

正义的最基本要求是权利与义务的分配要对等，任何人、群体、主权国家所享受的权利与其承担的义务必须是对等的。罗尔斯认为："社会的每一成员都被认为是具有一种基于正义，或者说基于自然权利的不可侵犯性，这种不可侵犯性甚至是任何别人的福利都不可逾越的。"随后的德沃金、诺齐克虽对罗尔斯的正义论思想有不同角度的批判和发展，但三人同属于权利基础论者，都提倡个人权利的至上性。德沃金认为："个人权利是个人手中的政治护身符。"[1]诺齐克则指出，个人是自主的和分立的，首先具有绝对的、不可侵犯的自我所有权，尊重个人权利是最基本的事情。

放眼至世界范围来看，国家不分大小，民族不分强弱，人种不分优劣，个人不分性别、人种或肤色，都享有平等的权利和义务，都应受到公平的对待和尊重。由此能够确定，个人的基本人权、劳动和生活，民族和国家的独立尊严和主权，都具有正义的正当优先性。因此，转基因国际贸易中的正义，"应以一种合理并且均衡的方式对国际贸易中的利益进行划分，并且超越国家和民族的界限，以人类的权利和利益为终极归宿"[2]。国际贸易正义还需要通过结果正义来体现，这就需要各国共享国际贸易的发展成果。只有

---

〔1〕［美］德沃金：《认真对待权利》，信春鹰、吴玉章译，中国大百科全书出版社 1998 年版，第 6 页。

〔2〕陈吕思达：《国际贸易的正义诉求》，载《中南林业科技大学学报》（社会科学版），2011 年第 5 期，第 12—16 页。

通过“共享”达到双方共存共赢，才能最终实现全人类的权利和利益目标。

二、基于正义的转基因贸易新原则

实现转基因技术和产品的国际贸易正义，主旨是要求各贸易主体主动遵守并维护国际贸易的各项基本原则，在国际贸易基本原则的规范指导下，开展转基因技术与产品的国际贸易活动，并确保对正义和规则的遵守贯穿于国际贸易的始终。具体在转基因国际贸易中表现为：首先，在贸易起点上的正义，要做到转基因贸易决策的公正，抑制甚至消灭转基因国际贸易中部分国家贸易保护主义的横行。其次，在贸易过程中的正义，即要保证各贸易主体在国际贸易合作中的利益分配正义，以使各参与主体都能够在国际贸易中实现转基因技术的发展，同时也要确保在转基因国际贸易中对世界范围内公民权利的保护。最后，鉴于转基因国际贸易的跨国性与全球性，在贸易活动完成后，更要确保对自然环境负责任治理的正义，以此谋求更加和谐和长远的发展。

（一）机会均等原则

机会均等原则下，任何国家都有权利参与转基因国际贸易活动，都有权利参与转基因国际贸易规则的制定，在相关问题的决议过程中，应实行投票表决制，在正义的基准之上建构符合所有成员利益的转基因国际贸易新秩序。在罗尔斯看来，正义在某种意义上总是意味着公平和平等，“每一个人对与其他人所拥有的最广泛的平等基本自由体系相容的类似自由体系都应有的一种平等权利”[1]。自由与平等紧密联系在一起，每一个社会成员都拥有追求和实现自身发展的平等机会。在国际贸易进程中，机会均等同样是正义所倡导的原则。国际贸易活动中各国平等地进行转基因产品的贸易往来，看起来这是一个经济问题，但其实质是一个伦理问题，各国平等地进行贸易往来，各国的平等国家身份，首先就有一个国家内部所有成员身份的平等和权利保护的问题。如对因转基因技术发展而失业的部分劳动者的保护问题，以及国有企业和民营企业能否真正平等地参与转基因贸易的问题，若国家内部尚且不能保障非歧视性的平等贸易身份，那么要想在国际贸易中获取更大利

〔1〕［美］约翰·罗尔斯：《正义论》，何怀宏等译，中国社会科学出版社1988年版，第47页。

益，或者是不可能的，或者可能隐藏着更大的风险。

转基因国际贸易正义所要求的机会均等原则，具体体现在国际贸易市场中转基因产品和技术的准入机制应该是平等的。作为在转基因国际贸易中相互竞争的贸易主体，各个国家和经济组织都有平等进入国际贸易市场的权利和自由，这是在起点上的正义和平等。在国际贸易活动中，必须尊重各个国家的转基因技术和产品在国际市场上的平等往来和流通，在正义为主导价值观的市场竞争机制下进行公平竞争，互惠互利。

（二）公平竞争原则

经济学家拉尔夫·戈莫里和威廉·鲍莫尔在《全球贸易和国家利益冲突》一书中，深刻论证了由于高启动成本、产业保留的可能性和政府等方面因素的影响，认为在自由国际贸易中确实存在着固有的利益冲突。但国际贸易竞争不能让一个国家、一个民族利益受损，这是正义伦理的底线。转基因生物和技术的产生与发展，绝不能损害其他国家和人民的利益，在冲突产生时运用公平竞争的原则实现正当发展。由此能够看出，正义的价值观对人们或民族国家间的正当竞争行为的基本要求，体现在公平竞争的原则之中。

公平竞争原则是促进世界多边贸易体系发展，维护国际贸易秩序正常运行的基本保障。公平竞争原则要求，各成员方和进出口贸易经营者都不应采取不公正的贸易手段进行国际贸易竞争或扭曲国际贸易竞争条件，该原则的具体规定是竞争方式或手段的正当合理，即参与竞争的各方应当且必须以合法的方式或手段，去谋求其利益优势或价值权益。当今的转基因生物种植，发达国家纷纷把发展转基因技术作为抢占未来科技制高点和增强农业国际竞争力的战略重点，发展中国家也积极跟进，在转基因技术的迅速发展过程中，国际竞争必然存在。基于此考虑，在转基因技术和生物的自由贸易体制下，我们提倡公平竞争，使转基因生物资源得到最优的配置，反对以国家补贴或倾销等不公平的手段向其他国家销售转基因商品。公平贸易原则的实施，势必能够有效制约转基因贸易过程中不平等贸易的发生，从而直接促进国际市场公平正义秩序的形成，为维护国际贸易的健康有序运行起到积极的推动作用。

（三）责任共担原则

面对转基因技术和安全的不确定性，积极承担责任才是各国在抵御转基因可能产生的全球风险时的生存之道。世界贸易组织将可持续发展模式下的资源最优利用与环境保护作为宗旨，意味着将环境的因素纳入贸易的考量之中，表明各个国家在贸易所造成的环境问题上所负担的责任是平等的。尽管《卡塔赫纳生物安全议定书》已明确了风险提前知情同意的原则和程序，但在全球经济和贸易的发展过程中，发展中国家缺乏先进的生产技术，其维持生存和发展不得不以牺牲环境为代价，加之发达国家对环境污染的转嫁，造成全球生态环境恶化，同时转基因国际贸易消极因素的扩散导致的全球安全与技术问题，已不单单是某一个国家的问题，而是全球每一个国家在转基因技术发展过程中所面临的难题。因此，各个国家不应仅仅共享转基因技术发展带来的成果，更应该共同承担转基因技术需要负担的全球责任，各国必须摒弃原有狭隘的国家或民族利益观念，承担共同的责任，相互团结、统一信念，依靠国际社会的整体力量将转基因技术和安全方面暗藏的不确定因素和风险降到最低，更好地促进转基因技术的发展，推动全球共同进步。

在正义价值取向的引导之下，树立起机会均等原则、公平竞争原则和责任共担原则，从而在转基因国际贸易中建立起伦理规范，使得转基因技术和产品在国际贸易活动中有章可循、有则可守，有助于推动转基因国际贸易新秩序的构建。

三、构建全球正义的转基因国际贸易新秩序

通过上述分析，能够看到转基因产品的国际贸易具有十分广阔的增长空间和发展前景，但另一方面，我们更应看到，它在人类健康和环境方面的潜在风险，为这一现代技术的充分运用和发展蒙上了一层阴影。如何在促进转基因技术发展和保护人类免受其带来的负面影响之间寻求恰当的平衡，是参与转基因国际贸易的全球国家和人民面临的一个巨大挑战。针对这一巨大挑战，我们应当树立共同体意义上的正义原则，新的正义观应当具有一种更为宽阔的、世界范围的道德视野，一种命运共同体的自我认同，以此来共同面对转基因技术带给世界人民的挑战。在这一观念的指导下，包容性发展理念的提出和建立便成为一种必然选择，新的正义观应当引导转基因国际贸易从相互竞争走向包容发展，不仅尊重各国在转基因技术上的发展差异，也给各国的技术发展差异以平等的承认；不仅倡导各国、各类型企业平等参与转基因贸易，更应该赋予发展中国家和弱势群体更多的权利，帮助其获得平等参

与转基因国际贸易、发展转基因技术的机会。

作为顺应当今世界潮流的发展模式，“包容性发展”将更具开放性、普遍性、可持续性，它强调“所有人机会平等、成果共享的发展，各个国家和民族互利共赢、共同进步的发展，人与自然和谐共处、良性循环的发展”[1]。转基因国际贸易中的包容性发展理念，力求缓解以往由发展机会不平等造成的转基因技术和生物的不平衡，做到参与权利公平、参与机会均等、转基因贸易规则透明、转基因产品的分配合理，最终实现转基因技术和生物对人类良序发展的积极促进作用。作为全球化时代的重要发展理念，包容性发展使得转基因技术和产品的全球贸易带来的利益和好处，惠及所有国家和地区。因此，以正义价值取向为基准的包容性发展理念，能有效推动建立转基因国际贸易发展的新型发展观念，在转基因国际贸易中建立平等对话，达成包容发展的共识，实现各国共同发展，共享全球一体化进程下的转基因技术和产品的成果，促进世界经济的平稳快速增长。

（一）构建转基因贸易经济新秩序

为使转基因贸易获得健康、良序的发展前景，应该在正义的价值取向基础上，在包容性发展理念的支撑下，构建转基因国际贸易的经济新秩序。当今时代，转基因技术已不仅在科学技术领域尤为重要，更牵系一国的国计民生，对转基因生物的关注使得各国都尽可能加大对转基因工程的资金支持。转基因技术和产品已经遍布全球，尤其是在当今高新技术飞速发展的时代，离开了转基因技术的支撑，经济的稳定运行是不可想象的，没有一定的经济条件和结构作为支撑，转基因技术的研发、创新就失去了方向和动力，“所有的技术都必须经过经济可行性的筛选”[2]。在某种意义上，没有经济市场就没有转基因技术，借助于经济和市场，转基因技术的日益发展才能得以实现。因此，在正义理论的支撑下，国际贸易中的经济新秩序急需构建，以此来确保国际贸易中转基因技术的有效、规范发展。

转基因国际贸易依托的国际经济秩序，既包含国家或地区的政府如何处理与其他国家政府涉及转基因技术和产品的经济关系，也包含国家和地区的政府根据本国和本地区乃至全球的整体利益，综合考量转基因技术的利弊优

---

〔1〕 张幼文：《包容性发展：世界共享繁荣之道》，载《求是》，2011 年第 11 期，第 52—54 页。

〔2〕 王国豫、刘则渊：《科学技术伦理的跨文化对话》，北京：科学出版社 2009 年版，第 203 页。

缺，利用自己的管理职能，为本国的协调发展确定可行性方针。要认识到，在转基因技术和产品的国家贸易中，旧有的国际贸易经济秩序指向和维护的是发达国家的经济利益，要想促进发展中国家在转基因相关的国际贸易中获得事实上的平等地位，就必须构建起以实现和保证大多数国家的利益为核心的经济新秩序。

在国际贸易中，基于正义的、包容性发展的经济理念所强调的就是一种和而不同、包容互利的经济增长模式。罗尔斯的正义原则第二条指出："在与正义的储存原则一致的情况下，适合于最少受惠者的最大利益。"在转基因国际贸易的发展过程中，发达国家和发展中国家的贫富差距进一步扩大，美国仍然是世界上转基因农作物种植面积最大的国家。发达国家转基因技术和农作物种植的水平远超发展中国家，正义原则要求我们对所有参与者进行适度的补偿和照顾，给予欠发达国家更多的经济、技术援助，客观上对发达国家在国际贸易中的行为提出了更高的要求。在国际贸易活动中，发达国家应从全人类的利益出发，清楚地认识到人类是一个整体的存在，应该包容与扶持转基因科技落后的发展中国家与落后国家。与此同时，鼓励发展中国家更深层次地参与转基因技术的国际贸易，同发达国家和经济体展开转基因领域的全面合作，以此来缩小世界各国的转基因技术和经济发展差距，建立起更加安全可靠的转基因贸易体系，从而有助于各国在全球转基因技术研发、生产及贸易框架下，"提升比较优势，优化劳动分工，提高抗风险能力，打造有韧性和互联互通的全球贸易体系"[1]。

在国际贸易发展的进程中，国际贸易组织往往是为维护正义与公正的贸易秩序而存在的。国际贸易组织的性质是正义的，能够起到激浊扬清、褒善贬恶的舆论引导作用，能够在运作过程中制定规则、体现正义，能够在涉及转基因的国际贸易仲裁中主持公道、解决争端，我们应该清楚地意识到贸易组织的建立其本质是维护国际贸易公正，促进世界经济和平发展，并且要相信正义与公正永远站在真理，而非金钱与强权的一面，所以，应充分发挥世界各贸易组织的重要力量，加快转基因国际贸易公正体系的建立。要发挥联合国的重要作用。联合国为世界各国提供了发展友好关系的平台，同时也为

〔1〕张磊等：《国际经贸治理重大议题2017年报》，北京：对外经济贸易大学出版社2017年版，第121页。

"动员世界舆论、伸张国际正义、关注人类共同利益提供了平台"[1]。随着转基因技术在全球的发展，联合国先后达成了《转基因食品协定》，制定了《转基因食品健康标准》等，因此应该更好地发挥联合国在维护转基因国际贸易正义中的积极作用，真正致力于实现各国在转基因领域安全、平等、互利的贸易往来。

（二）构建转基因贸易法制新秩序

何争端都应诉诸非武力的方式进行解决，转基因农产品国际贸易争端预防更是如此。对能够预防的争端，我们应运用合理、合适的国际法律规定进行必要的介入，针对潜在的风险，进行必要的规制，防止争端的发生。在正义价值取向的引导下构建新的转基因国际贸易法制新秩序，着重强调运用的手段是合理、合适的国际法律规定，不主张采取非国际法律规定以外的方式进行介入，力图构建的是一个正义、公平、公开的且合理的转基因产品国际贸易争端预防环境，从而达到有利于转基因技术发展、有利于世界和平安全、有利于参与各国整体发展的目的。

前文已对《卡塔赫纳生物安全议定书》和转基因产品在国际贸易中存在的主要问题和争端进行了分析，转基因产品的国际贸易问题主要表现在转基因产品的跨境转移、标签和知识产权问题上，相关的多边法律体系已经有《卡塔赫纳生物安全议定书》以及 WTO 框架协议相关规定，包括关贸总协定、技术性贸易壁垒协定等。《卡塔赫纳生物安全议定书》作为专门规定转基因产品跨境转移的重要国际协议，以保护生物多样性、人体和动植物健康以及环境安全为宗旨，目前共有 170 个国家和经济一体化组织签署，但需要引起注意的是，美国、加拿大、阿根廷等主要转基因食品出口国并没有加入。

从总体上看，《卡塔赫纳生物安全议定书》对转基因食品相关各个环节都作出了较为细致的规定，其中一些原则和制度都是在反复修改、征求各缔约方广泛意见的基础上得以提出和确立的。但是，对于转基因产品的国际贸易法律规制问题，各国都会基于自身需求而提出有利于自身利益的原则和规范，在此基础上，国际法的整体调节范围是有限的，加之"事先知情同意原则要求各缔约国在改性活生物体做越境活动时要事前取得进口国同意，实际

[1] 陈吕思达：《国际贸易的正义诉求》，载《中南林业科技大学学报》（社会科学版），2011 年第 5 期，第 12—16 页。

上就使得并非所有越境转移的改性活生物体都可以适用《议定书》”[1]，由于美国等主要转基因食品出口国没有加入，因此在转基因食品法律规制上《安全议定书》的总体适用范围就显得有所限制。

鉴于此，在构建转基因国际贸易法制新秩序的过程中，在国际层面搭建以国际法律规制为基础的交流合作平台就显得尤为重要且具有现实性意义。这类交流合作平台或机制已有诸多先例可供参考，例如，世界贸易组织在1996年制定了《政府间国际组织在WTO享受观察员地位的指南》，目前有110多个国际组织在WTO的32个机构中享有观察员地位。其中，联合国、国际知识产权组织等8个国际组织具有WTO总理事会的观察员地位，可以说观察员制度在帮助WTO实现一致性方面发挥了巨大的作用。与此相适应，《安全议定书》也在第30条提及非缔约方可以观察员的身份参加议定书附属机构举行的会议，从而增进了解和促进沟通交流，《安全议定书》在协议内部还安排了信息交流与生物安全资料交换机制，便于交流有关转基因食品的科学、技术、环境和法律诸方面的信息资料和经验，但仍应看到仅仅在内部搭建这些机制的不足，在建立相关机制的基础上，我们更应该将这一机制进一步延伸至协议之外，推动形成国际多边协议之间的交流平台，相信扩展范围后国际交流机制的构建能够在处理和解决转基因国际贸易争端的过程中发挥更大的作用。

此外，国际论坛也能够为转基因食品国际法律规制的交流和制定提供良好的平台。国际上已有很多发挥重要作用的国际论坛，例如以研究和探讨世界经济领域存在的问题、促进国际经济合作与交流为宗旨的达沃斯论坛，联结亚太与欧洲两大经济带的丝路国际论坛，为各国政府、企业及相关领域的专家学者等提供经济、社会、环境及其他相关问题高层对话平台的博鳌亚洲论坛等，我们能够看到这些论坛在促进国际交流合作、探讨热点问题、为解决国际经济社会矛盾冲突提供新思路等方面发挥着重大作用。由此，搭建转基因领域内的国际论坛可以为对转基因食品监管和技术发展等方面持不同意见的各方提供一个现有法律制度上的、较为宽松的沟通和交流空间，创造出更多交流技术和经验、开展务实合作的机会，从而进一步推动转基因食品国际法律规制冲突与矛盾的协调和解决。

我国于2005年4月27日批准加入《卡塔赫纳生物安全议定书》。同年9

[1] 吴静瑶：《转基因食品国际法律规制》，西北政法大学2016年硕士学位论文，第44页。

月6日，我国成为该议定书的缔约国。在转基因国际贸易的法制新秩序之下，在转基因食品国际法律规制问题面前，我国应当坚持的首要原则就是尊重现行国际法律制度，履行国际义务，信守国际条约。我国既是 WTO 的成员国，又是《安全议定书》的缔约国，这一双重身份要求我国应当采取一种相互协调的方式来履行国际贸易和环境义务。同时，要积极参与转基因食品国际贸易规则和相关国际法律的制定，同欧美发达国家相比较，我国对转基因生物技术的研究起步较晚，相配套的管理法规和措施也尚在逐步建立和完善之中。如何在遵守转基因国际贸易原则和新秩序的基础上，“从本国利益出发，权衡转基因食品利弊，采取适当的国内政策与措施，在国际贸易中寻求本国利益的最大化，是我国在转基因食品安全法律规制完善道路上所必须面对的问题”[1]。在履行国际协议义务的同时，我国也应当在国际法律规则的制定和适用上积极参与，有所发声，积极参与制定转基因食品国际法律制度和标准，在转基因国际贸易中实现自身发展，同时充分发挥大国影响力。

以正义的价值观作为理论支撑并由此构建起来的转基因国际贸易在经济和法制方面的新秩序，能够确保转基因生物和技术在国际贸易中以正义为基准实现交互和发展。权利正义下的转基因国际贸易新秩序能够按照正义原则来分配各国的权利和义务，解决各国在转基因相关的国际贸易中所产生的矛盾和冲突，推动实现良序的国际贸易氛围；能够促进国际贸易市场中各个国家自由度和开放度的提升，有助于打破美国等发达国家对转基因技术的垄断，从而缩小发展中国家与发达国家之间的差距，建立起各国平等、互惠、共赢的转基因国际贸易新格局。

---

〔1〕王花、李珂：《转基因食品贸易争端中的国际法问题》，载《甘肃高师学报》，2012 年第 3 期，第 126—129 页。

结　语

转基因技术自20世纪70年代诞生至今，在工业、农业、医疗等领域得到了广泛的运用。以转基因作物的种植为例，根据国际农业生物技术应用咨询服务中心的统计，2016年是转基因作物商业化的第21年，全球有26个国家商业化种植了转基因作物，种植面积达到峰值，为1.851亿公顷。转基因技术的产生与运用给人类带来福祉与美好希望的同时，由于转基因安全的不确定性以及转基因技术在各国发展的不平衡性，也给人类带来了一系列全球性问题：生态环境问题（生物安全管理问题）、食品安全问题、转基因国际贸易规则问题、基因资源归属与利用问题、与转基因有关的专利制度问题、转基因技术使用限度问题、粮食安全与全球贫困问题等。这些全球性问题使人类成为一个你中有我、我中有你、休戚与共的人类命运共同体。人类命运共同体意味着转基因问题全球各方都必须具有责任意识，承担相应的责任。不管是个人、公众，还是社会组织（如企业、跨国公司、非政府组织）、国家都应在这方面承担相应的责任。从这个意义讲，转基因问题的伦理原则是责任伦理。

各方的责任如何划分，如何实现全球正义？以往的全球正义从个人权利的立场出发，坚持每个人——不论他具有什么样的公民身份，属于什么样的国家或民族——在道德上都应得到平等的关注。这是他们的价值立场。这种全球正义观可称为个人主义全球正义观。这种正义观在转基因问题上不适用。第一，个人主义全球正义观关注的对象是“人类”意义上的人。在转基因责任问题上，我们的世界观强调人与自然是一个生命共同体，自然与人类具有同等的道德地位。这一点与以往的世界观不同。以往的世界观看到的是人与自然的区别，尤其突出人的理性特质，并将理性作为人类道德的根据，这在西方文明中尤其明显。因此，在转基因责任问题上，自然也是道德关注的对象。第二，个人主义正义观关注的对象只是“个体”意义上的人。而转基因责任的主体不只是个人，还有社会组织、国家。所以，个人主义正义观在转基因问题上无效，并不能实现正义。

但是，个人主义全球正义观也有可资借鉴之处。第一，个人主义全球正义观具有全球胸怀，转基因全球正义观也具有全球胸怀。全球正义者往往亦是世界主义者。从词源学来看，“世界主义”（cosmopolitanism）是由“cosmos”（宇宙）和“polites”（公民）两个词根构成的，其字面含义是“世界公民”。这两个词根都来自古希腊语。其中，cosmos 为 Kosmos，意思是“有完善安排的世界，宇宙、乾坤”[1]，“有秩序而协调的整体的世界”。这个词至少有三个方面的含义：秩序、和谐、整体。也就是说，从根源上看，世界主义包含对自然的理解，只是今天的个人主义全球正义观忽略了对自然的理解。现在，转基因全球正义观恢复了这种理解。第二，个人主义正义观以权利作为正义的根据，即作为“应得”的根据。转基因全球正义观可以借鉴这一点。因为只有在对某物进行分配（此处的分配是广义上的分配，比如，物与物的交换我们也称为分配）时，才会出现正义与否的问题。转基因全球正义同样面临着分配问题。这些分配物既有合作利益如转基因研究成果，也有人类共有之物如生物遗传资源，还有负担、责任，如转基因技术运用中对环境、自然的责任及食品安全的责任，等等。对这些物的分配我们也可以“权利”作为“应得”的根据，因为权利是对责任者的要求或主张，对责任者构成了一种约束力，所以，以“权利”作为“应得”的根据有利于责任的实现。在“权利”是“应得”的根据的意义上，这种正义观可称为权利正义观。当然，这里权利的主体既有个人（如农户、消费者），也有公众、国家等。

众所周知，农户拥有工作权、留种权等权利，消费者拥有食物安全权、食物的知情权、选择权等权利，公众拥有环境权、文化方面的一些权利，如禁止在特定社区销售某种转基因产品、某地某生物不受基因污染的权利等都是基于文化的考虑。这些权利以前就存在，它们或者是由人权派生的，或者来自习俗，而且这些权利也得到了法律的确认或国际条约的承认。但是，在转基因语境下，这些权利却以这样或那样的方式被侵害。比如，以雄厚的资金为基础，种子公司用各种方式轻而易举地将传统种子挤出种子市场，用转

---

〔1〕 罗念生、水建馥编：《古希腊汉语词典》，北京：商务印书馆 2004 年版，第 476 页。

基因种子占领种子市场。在别无选择的情况下，农户被迫种植转基因作物。更有甚者，有的转基因种子被实施了“终止子”技术——通过基因技术修改所售转基因种子的基因，使种植转基因种子后收获的新种子不会发芽，成为不育种子而不可用于播种。这两种方式都严重地侵犯了农户在千百年来生产中形成的留种权，轻者增加农民生产的成本，重者直接影响农民的生存。

在这里需要指出的是，在转基因语境下，公众享有一项权利——遗传资源受益权。这是正义的要求。很多转基因生物在研发过程中都要利用传统知识。这些传统知识是特定社区的人群在千百年来的生产、生活中积累、创造出来的，是集体智慧的结晶，不属于任何特定的个人或组织，存在于公共领域，因此，通常被视作人类共同的遗产，任何人、组织都可免费获得与利用。转基因生物的研究者、公司在无偿获取、利用这些遗传资源后，利用新研发的转基因生物申请专利，进而获取利润。但当地社区的公众却没有收到任何补偿或回报。为了矫正这种将公共知识据为私有财产的不公正行为，《生物多样性公约》及其他公约都规定了相关社区对此拥有受益权。该公约第8条（J）项规定：“由此等知识、创新和做法的拥有者认可和参与其事并鼓励公平地分享因利用此等知识、创新和做法而获得的惠益。”受益权隐含着另一项权利——获取、利用生物遗传资源的事先知情同意权。这一权利在一些国际公约中有明确的规定。

国家是转基因全球正义最重要的主体之一。在全球问题面前，为了实现正义，有人主张废除或限制国家主权，有人主张联合主权或成立世界政府。这些看法都值得商榷。原因有二：一是当前的国际现实仍然是强权政治，“国家的行为是自利理性”假设下的“囚徒困境”条件并不存在，在这样的环境下，不需要主权国家的全球正义不会实现。二是现在的主权观已从传统最高统治权（对内的自治权与对外的独立权）向责任主权观转变。在责任主权观下，国家有对内的责任与对外的责任，这种主权有利于个人、公众的权利实现。所以，我们主张国家主权完整但负责任的转基因全球正义观。国家在转基因问题方面的主权就是转基因主权。

谈起国家主权，人们想到的往往是政治主权。至于有无经济主权，则是见仁见智。随着经济全球化与世贸组织规则的确立，经济主权观念更是受到了挑战。转基因全球正义观认为，经济主权是存在的，而且已得到了国际社会的认可。1952年，联合国大会通过决议确认：“各国人民自由利用和开发其自然财富的权利，是他们的主权所固有的，而且是符合《联合国宪章》

的。”为了防止前面所说的“生物剽窃”，转基因全球正义观必须强调经济主权，以确认各国对生物遗传资源拥有主权。这一主张与《生物多样性公约》的主张一致。此公约在宣言中明确强调“重申各国对它自己的生物资源拥有主权权利”。

既然在转基因问题上各国具有主权和经济主权，那么，各国就拥有：（1）根据自己的国情和自己的判断来决定本国的转基因事务的自主决定权，如生物安全管理制度、标识管理制度等；（2）事先知情同意权；（3）全球性转基因问题大政的平等参与权和决策权等。其中，事先知情同意权包括两个领域的事先知情同意：一是转基因生物过境或国际贸易领域的事先知情同意；二是获取遗传资源领域的事先知情同意。

转基因全球正义最后要落实到转基因问题的各个领域。首先，在生物安全领域，转基因全球正义就是要实现可持续发展。从人类命运共同体的立场出发，这方面的正义原则就是共同但有区别的责任原则。共同的原则体现了各方平等的公平原则。有区别的责任原则体现了能力与责任一致的公平原则。转基因科学家掌握着转基因专业最核心的知识，他们的活动对生物安全有着重大的影响，因此，他们在从事转基因活动时必须承担一定的责任，要有对人类、对自然负责的意识。其次，在全球经济领域，转基因全球正义就是要实现共享转基因发展的福祉，公平利用转基因技术与资源是其基本原则。这一原则的具体要求是，坚持遗传资源主权，完善国际知识产权制度，积极进行国际合作，维护粮食主权，消除世界贫困。最后，在国际贸易领域，转基因全球正义就是要形成平等互惠共赢的全球贸易体系，其应该坚持的原则是尊重转基因主权但反对绿色贸易壁垒。

总之，转基因全球正义观是主权完整但负责任的正义观。它的世界观是万物平等、和谐共生的生命共同体，价值观是合作共享的人类命运共同体，伦理原则是责任伦理，“应得”的根据是权利，主要内容是三个基本原则：共同但有区别的风险共担责任原则；公平利用转基因技术与资源的利益共享原则；尊重转基因主权、反对绿色贸易壁垒的互惠共赢原则。

参考文献

一、中文著作

柴卫东:《生化超限战》，北京：中国发展出版社 2011 年版。

陈安主编:《国际经济法》，北京：法律出版社 2007 年版。

陈君石编：《转基因食品：基础知识及安全》，北京：人民卫生出版社 2003 年版。

陈亚芸:《转基因食品的国际法律冲突及协调研究》，北京：法律出版社 2015 年版。

高亮华:《人文主义视野中的技术》，北京：中国社会科学出版社 1998 年版。

高晓露:《转基因生物越境转移事先知情同意制度研究》，北京：法律出版社 2010 年版。

顾秀林:《转基因战争》，北京：知识产权出版社 2011 年版。

贾思勰:《齐民要术》，缪启愉校释，北京：中国农业出版社 1998 年版。

刘春田主编:《知识产权法》，北京：中国人民大学出版社 2009 年版。

罗念生、水建馥编:《古希腊汉语词典》，北京：商务印书馆 2004 年版。

吕忠梅:《超越与保守：可持续发展视野下的环境法创新》，北京：法律出版社 2003 年版。

沈孝宙:《转基因之争》，北京：化学工业出版社 2008 年版。

石敏俊、吴子平:《食品安全、绿色壁垒与农产品贸易争端》，北京：中国农业出版社 2005 年版。

王国豫、刘则渊：《科学技术伦理的跨文化对话》，北京：科学出版社 2009 年版。

王明远:《转基因生物安全法研究》，北京：北京大学出版社 2010 年版。

魏英敏:《新伦理学教程》，北京：北京大学出版社 2013 年版。

吴汉东主编：《知识产权法学》，北京：北京大学出版社2000年版。

习近平：《决胜全面建成小康社会 夺取新时代中国特色社会主义伟大胜利》，北京：人民出版社2017年版。

徐淑萍著：《贸易与环境的法律问题研究》，武汉：武汉大学出版社2002年版。

徐向东编：《全球正义》，杭州：浙江大学出版社2011年版。

许文涛、黄昆仑主编：《转基因食品社会文化伦理透视》，北京：中国物资出版社2010年版。

薛达元主编：《转基因生物安全与管理》，北京：科学出版社2009年版。

杨洁篪：《推动构建人类命运共同体》，《党的十九大报告辅导读本》，北京：人民出版社2017年版。

杨泽伟：《国际法》，北京：高等教育出版社2017年版。

叶立煊：《西方政治思想史》，福州：福建人民出版社1992年版。

张惠展编著：《基因工程概论》，广州：华南理工大学出版社1999年版。

张磊等主编：《国际经贸治理重大议题2017年报》，北京：对外经济贸易大学出版社2017年版。

周鲠生：《国际法》，北京：商务印书馆1976年版。

朱文奇：《现代国际法》，北京：商务印书馆2013年版。

［美］德沃金：《认真对待权利》，信春鹰、吴玉章译，北京：中国大百科全书出版社1998年版。

［德］孔汉思、库舍尔：《全球伦理——世界宗教会议宣言》，何光沪译，成都：四川人民出版社1997年版。

［英］拉吉·帕特尔：《粮食战争》，郭国玺、程剑峰译，北京：东方出版社2008年版。

［美］杰里米·里夫金：《生物技术世纪：用基因重塑世界》，付立杰等译，上海：上海科技教育出版社2000年版。

［德］佩汉、［荷］弗里斯：《转基因食品》，陈卫、张灏等译，北京：中国纺织出版社2008年版。

［美］乔治·霍兰·萨拜因：《政治学说史》（下册），刘山译，北京：商务印书馆1986年版。

［美］威廉·恩道尔：《粮食危机》，赵刚等译，北京：知识产权出版社2008年版。

［德］韦伯：《韦伯作品集（V）：中国的宗教/宗教与世界》，康东、简惠美译，桂林：广西师范大学出版社 2004 年版。

［德］韦伯：《学术与政治》，冯克利译，北京：生活·读书·新知三联书店 2013 年版。

［美］约翰·罗尔斯：《正义论》，何怀宏等译，北京：中国社会科学出版社 1988 年版。

［德］詹宁斯·瓦茨修订：《奥本海国际法》（第 1 卷第 1 分册），王铁崖等译，北京：中国大百科全书出版社 1995 年版。

二、期刊论文

曹刚：《责任伦理——一种新的道德思维》，载《中国人民大学学报》，2013 年第 2 期。

陈吕思达：《国际贸易的正义诉求》，载《中南林业科技大学学报》（社会科学版），2011 年第 5 期。

陈萍：《WTO 之美国诉欧盟生物技术案及对中国的启示》，载《中国环境法治》，2007 年辑刊。

陈思礼、袁媛：《转基因生物与环境安全》，载《中国热带医学》，2008 年第 4 期。

陈亚芸：《后多哈时代〈卡塔赫纳生物安全议定书〉对 WTO 体制的挑战》，载《河北法学》，2014 年第 5 期。

程苗苗等：《Bt 水稻还田对赤子爱胜蚓生长发育和生殖的影响》，载《应用生态学报》，2016 年第 11 期。

樊浩：《基因技术的道德哲学革命》，载《中国社会科学》，2006 年第 1 期。

冯小红：《基因治疗伦理困境的反思》，载《医学与哲学》（人文社会医学版），2006 第 12 期。

高杨：《从“黄金大米”事件看科学家的伦理责任》，载《洛阳师范学院学报》，2014 年第 4 期。

国际农业生物技术应用服务组织：《2016 年全球生物技术/转基因作物商业化发展态势》，载《中国生物工程杂志》，2017 年第 4 期。

黄嘉珍：《国际环境法上风险预防原则评书》，载《法治论丛》，2009 年第 4 期。

李龙熙：《对可持续发展理论的诠释与解析》，载《行政与法》，2005 年第 1 期。

李晓光：《论科学家的伦理责任》，载《北京科技大学学报》（社会科学版），2007 年第 1 期。

梁志成：《关于转基因农产品多边贸易的问题》，载《国际贸易问题》，2000 年第 10 期。

陆群峰、肖显静：《中国农业转基因生物安全政策模式的选择》，载《南京林业大学学报》（人文社会科学版），2009 年第 9 期。

马述忠：《转基因产品缘何陷入僵局》，载《世界环境》，2002 年第 1 期。

孟雨：《转基因食品引发的国家贸易法律问题及对策》，载《华中农业大学学报》（社会科学版），2011 年第 1 期。

秦振宏：《转基因农产品国际贸易争端问题研究综述》，载《商业研究》，2012 年第 2 期。

孙利平：《我国转基因农产品国际贸易管理的战略选择与规则构建研究》，载《农业经济》，2016 年第 8 期。

王花、李珂：《转基因食品贸易争端中的国际法问题》，载《甘肃高师学报》，2012 年第 3 期。

王加连：《转基因生物与生物安全》，载《生态学杂志》，2006 年第 3 期。

王铭霞：《人与自然关系的哲学反思》，载《理论学刊》，2001 年第 2 期。

吴剑飞、贺善侃：《从科技的人文价值看科学家的伦理责任》，载《东华大学学报》（社会科学版），2007 年第 2 期。

吴秋风：《转基因农业可持续发展的伦理原则》，载《学术论坛》，2009 年第 2 期。

吴小敏、徐海根、朱成松：《遗传资源获取和利益分享与知识产权保护》，载《生物多样性》，2002 年第 2 期。

徐保风：《论“共同但有区别的责任”原则的道德合理性》，载《伦理学研究》，2012 年第 3 期。

许文涛、贺晓云、黄昆仑、罗云波：《转基因植物的食品安全性问题及评价策略》，载《生命科学》，2011 年第 2 期。

杨凯育、李蔚青：《转基因产品贸易问题分析与展望》，载《农业展望》，2012 年第 12 期。

叶敬忠：《关于转基因技术的综述与思考》，载《农业技术经济》，2014 年第 1 期。

叶响裙：《由韦伯的“新教伦理”到“责任伦理”》，载《哲学研究》，2014 年第 9 期。

应瑞芳、沈亚芳：《美欧转基因产品贸易争端原因分析及对我国的启示》，载《国际贸易问题》，2004 年第 5 期。

俞丽霞：《全球贫困：“从非正义中获益”与消极责任》，载《世界经济与政治》，2010 年第 7 期。

袁宜：《WTO 责无旁贷——试论转基因农产品贸易规则问题》，载《中国粮食经济》，2000 年第 11 期。

展进涛、石成玉、陈超：《转基因生物安全的公众隐忧与风险交流的机制创新》，载《社会科学》，2013 年第 7 期。

张康之：《全球化时代的正义诉求》，载《浙江社会科学》，2012 年第 1 期。

张荣、李喜英：《约纳斯的责任概念辨析》，载《哲学动态》，2005 年第 12 期。

张幼文：《包容性发展：世界共享繁荣之道》，载《求是》，2011 第 11 期。

张正、何云云：《对 WTO 转基因争端第一案的思考与启示》，载《长白学刊》，2010 年第 6 期。

赵西巨：《从知情同意原则的历史渊源和发展轨迹看其所保护之权利及其性质》，载《南京医科大学学报》（社会科学版），2005 年第 4 期。

朱俊林：《转基因技术的伦理辩护及其限度》，载《湖南师范大学社会科学学报》，2008 年第 4 期。

黄泓翔：《世卫组织：转基因食品应该进行具体个案的严格风险评估》，载《南方周末》，2014 年 1 月 24 日。

雷敏：《中国番茄制品出口遭遇技术性贸易壁垒》，载《中国贸易报》，2016 年 5 月 31 日，第 6 版。

郭春焱：《天宫二号、神舟十一太空搭载种子落户图们》，载《吉林日报》，2017 年 3 月 13 日。

西蒙·格里夫斯、莉兹·方斯、费德丽卡·科科：《以全球视角关注粮食短缺问题》，载英国《金融时报》中文网，2017 年 3 月 10 日。

三、硕博士学位论文

谷强平：《中国大豆进口贸易影响因素及效应研究》，沈阳农业大学 2015 年博士学位论文。

顾叶萍：《转基因食品国际贸易争端法律问题研究》，华东政法大学 2015 年硕士学位论文。

魏明勤：《转基因食品伦理——健康权视域的研究》，西南大学 2013 年硕士学位论文。

吴剑飞：《论科学家的伦理责任》，东华大学 2007 年硕士学位论文。

吴静瑶：《转基因食品国际法律规制》，西北政法大学 2016 年硕士学位论文。

宣亚南：《绿色贸易保护与中国农产品贸易研究》，南京农业大学 2002 年博士学位论文。

章东权：《国际贸易中转基因产品法律问题研究》，上海社会科学院 2008 年硕士学位论文。

四、英文著作

John Rawls, *The Law of Peoples*, Harved University Press, Cambridge: 1999.

J. E. Losey, L. S. Rayor, M. E. Carter, "Transgenic Pollen Harms Monarch Larvae", *Nature*, 1999.

M. K. Sears, R. L. Hellmich, D. E. Stanley-Horn, K. S. Oberhauser, J. M. Pleasants, H. R. Mattila, B. D. Siegfried and G. P. Dively, Impact of Bt Corn Pollen on Monarch Butterfly Populations: A Risk Assessment, Proceedings of the National Academy of Sciences of the United States of America, 2001, 98 (21).

The American Journal of International Law, Vol. 96.

WTO: European Communities-Measures Affecting the Approval and Karketing of Biotech Products , interm report from the Panel, paragraph7174.

后 记

随着转基因技术的迅猛发展，从全球正义的视角来研究转基因问题就成了一个新兴的课题。我对转基因问题的接触是在攻读博士学位期间，但当时是从应用伦理学的角度去理解。约十年前，在一位同窗学友的点拨与建议下，我决定从全球正义的视角来审视转基因问题。当时计划用三年左右的时间完成此方面的研究与写作，但是，决心下定后不久，我的身体便对此提出了抗议。自此在所有研究、写作上我便走走停停，加之此后社会形势的变化，我曾几度想放弃对此问题的研究。后来，在我的家人以及朋友冯庆旭、学生张力方的鼓励与帮助下，时至今日总算完成了此项任务。在此向他们表示感谢！

由于从全球正义视角研究转基因问题涉及我学科方向的转变，因此，此研究作为尝试，或许还很不专业。今天之所以鼓足勇气决定出版示人，一是以此向帮助过我的人表达谢意，二是想记录我行走的轨迹。

最后，我还想特别感谢知识产权出版社的庞从容编辑与薛迎春编辑，没有她们的耐心与热心，此书大概不会如此早地问世，谢谢她们！另外，在出版过程中她们的认真、负责、专业让我非常感动，再次谢谢她们！

作　者

2019 年 5 月 9 日